云南手工造纸工艺及手工纸耐久性研究

李忠峪 著

西南交通大学出版社
·成都·

图书在版编目（CIP）数据

云南手工造纸工艺及手工纸耐久性研究 / 李忠峪著. —成都：西南交通大学出版社，2019.9
ISBN 978-7-5643-7160-9

Ⅰ.①云… Ⅱ.①李… Ⅲ.①手工－造纸－研究－云南②手工纸－耐用性－研究 Ⅳ.①TS756②TS766

中国版本图书馆 CIP 数据核字（2019）第 211428 号

Yunnan Shougong Zaozhi Gongyi ji Shougongzhi Naijiuxing Yanjiu
云南手工造纸工艺及手工纸耐久性研究

李忠峪　著

责 任 编 辑	吴　迪
助 理 编 辑	赵永铭
封 面 设 计	原谋书装
出 版 发 行	西南交通大学出版社 （四川省成都市金牛区二环路北一段 111 号 西南交通大学创新大厦 21 楼）
发行部电话	028-87600564　028-87600533
邮 政 编 码	610031
网　　　址	http://www.xnjdcbs.com
印　　　刷	四川森林印务有限责任公司
成 品 尺 寸	170 mm × 230 mm
印　　　张	15.5
字　　　数	231 千
版　　　次	2019 年 9 月第 1 版
印　　　次	2019 年 9 月第 1 次
书　　　号	ISBN 978-7-5643-7160-9
定　　　价	88.00 元

图书如有印装质量问题　本社负责退换
版权所有　盗版必究　举报电话：028-87600562

序一

云南地处中国西南边陲,是中国少数民族最多的省份。云南少数民族在几千年的生产、生活中创造了灿烂的文化,形成了以手工纸为载体的量浩类繁的珍贵档案。

云南手工造纸历史悠久、制作技艺较为独特,是云南少数民族在长期生活实践的基础上,充分吸收外来造纸技术,创造出来的丰富多彩、地域特色浓郁的一种传统造纸工艺。其中的东巴纸,被称为人类手工造纸活化石,其原料为瑞香科荛花,工艺流程融合了浇纸法和抄纸法,纸张防腐防蠹性能极强,可长期保存;芒团傣族手工纸将古代造纸术完整保留至今,其造纸原料为构树皮,工艺流程完整保留了采料、晒料、浸泡、拌灰、蒸煮、洗涤、捣浆、浇纸、晒纸、砑光、揭纸11道工序,造出的纸张洁白柔软、光滑坚韧、书写流畅、防霉防蛀,是优质的档案载体材料;始于清代的腾冲手工纸,洁净细腻、柔韧透气、纸色稳定,备受书画界推崇;此外,白族白棉纸、彝族竹纸、藏族狼毒纸也各具特色。东巴纸和傣族构皮手工造纸技艺作为古老的传统手工造纸技艺,已被纳入首批国家级非物质文化遗产名录。云南手工纸是云南少数民族智慧与文明的结晶,是云南少数民族档案的重要载体材料,在云南少数民族的历史文化传承和弘扬中发挥了显著作用,见证了云南少数民族的发展进程,是我国少数民族历史文化的真实佐证,是中华历史文化遗产的重要组成部分。

手工纸的耐久性不仅与存放的温度、湿度、光线、空气质量、害虫和微生物等环境条件有关,更与手工纸原料组成特性、生产工艺特点等内在因素密切相关。如何正确地认识和掌握少数民族纸质档案载体材料的保护规律,构建更为系统、完善和适用的档案保护技术科学,既要善于应用最新的现代科学技术研究成果来解决档案保护实践中的困难，更要脚踏实地的田野调查研究劳动人民在千百年实践中沉淀积累下来的经验。李忠峪走访了云南多家档案管理机构，先后多次实地考察云南省楚雄、文山、丽江、迪庆、西双版纳、临沧、大理保山、曲靖等各地州乡村的手工纸造纸原料、造纸工艺和纸药使用等情况，全面细致地对云南少数民族手工纸所使用的竹材、构皮、荛花、狼毒四大类造纸原料与云南手工纸张耐久性关系进行探讨，并对东巴纸、藏纸的特色原料荛花、狼毒的防蠹特点、原理等进行分析，从自然科学角度诠释了东巴纸、藏纸具有极强防蠹性能这一现象的根源；对云南少数民族地区的浇纸法、抄纸法以及融合二者的东巴纸工艺等造纸工艺与云南手工纸耐久性关系进行研究，对仙人掌、沙松树等纸药在手工纸制浆过程中发挥的纸浆纤维悬浮、浆料分散作用与手工纸张耐久性关系进行了剖析，并提出需要通过试验进一步验证荛花在造纸过程中是否具有原料和纸药双重角色的研究问题，将云南少数民族传统手工纸工艺与纸张耐久性关系的研究引向深入；在定性研究的基础上，对实地采集的多种云南手工纸张样品，通过电子显微镜观察其微观结构，测量其定量、耐折度、撕裂度、抗张强度等物理性能指标，实验对比、定量分析手工纸原料、造纸工艺对其耐久性的影响。

　　作者这一研究成果，让读者以不同视角对云南少数民族档案载体材料有一个更为直观和全面的了解，其提出的传统云南手工纸造纸工艺改良、云南少数民族档案保护、修复和抢救建议源于大量田野调查和实验对比，相信对改善云南手工纸品质和加强云南少数民族档案保护实际工作和理论研究具有一定借鉴意义。

罗茂斌
二〇一九年七月于云南大学

序二

2006年9月，忠峪君以优异成绩考入云南大学情报与档案学系，攻读档案学硕士研究生学位。从此，我们师生二人便结缘于美丽的东陆园，并时常教学相长。在九五阶上，在银杏树下，在至公堂旁，大家都毫无保留的切磋和交流学术方面的心得。忠峪君给我的印象，不仅是气质上佳，儒雅有文人气，更是一名待人以诚、敏而好学的好学生。三年读研期间，她就立下了投身科学研究的宏志，曾在《档案学通讯》杂志上独作发表过高水平科研论文，主持过校级科研项目，初步显露出了较强的科研潜质。硕士研究生毕业后，她又一路过关斩将，顺利考取了云南大学档案学博士研究生，师从罗茂斌教授。本书正是在她精心撰写的博士学位论文基础上进一步修订和提炼而成。

该书总结了云南省各民族手工纸档案的构成情况，在深入实地调研的基础上，全面介绍了楚雄、文山、丽江、迪庆、西双版纳、临沧、大理等云南省内10处造纸地区的造纸现状，并通过试验分析，综合研究了各类纸张的耐久性，提出了保护纸质历史档案的措施，探索了改良手工纸耐久性和传承民族文化的方式。通观全书，发现有以下三个方面显著特点：一是选题新颖，地域特色明显，其内容可以说在某种程度上很好地填补了档案保护技术学研究中的某些空白；二是前期调研充分，论之有据，写作中绝没有简单的从文献到文献泛泛而谈；三是充分采用了档案保护技术学的原理，对各种手工纸的耐久性进行了严格测试，由此保证了研究结论的科学性。

值此本书即将付梓之际，首先谨向忠峪君表示由衷地祝贺。同时，希望她百尺竿头更进一步，始终秉承母校云南大学"自尊、致知、正义、力行"的校训和"会泽百家、至公天下"的学校精神，不断地奉献出更多更好的科研成果，为使档案学尤其是档案保护技术学这株幼小的嫩苗早日茁壮成长成一棵枝繁叶茂、硕果累累的参天大树而砥砺前行。

是为序。

周铭

二〇一九年八月二十三日

于春城东陆园

前 言

云南少数民族历史档案作为特色明显、原始记录性强的文化遗产，一直受到重视和保护。这些历史档案由各种不同的载体形式构成，其中手工纸载体占绝大部分，典型的有：纳西族东巴纸档案、傣族构树皮纸档案、彝族竹纸档案等，目前对于这类型档案载体的研究还不足，特别是缺乏对这类纸张材料耐久性的综合分析。本书从档案保护的角度出发，使用文献综述、实地调查、试验分析三种方法，总结了云南各民族手工纸档案的构成情况，在实地调研的基础上，介绍云南省内10处造纸地区的造纸情况，并通过试验分析，综合研究各类纸张的耐久性，提出保护纸质历史档案的措施，并积极探索改良手工纸耐久性、传承民族文化的方式，为档案保护技术学的载体研究开拓新视野。

开展实地调查研究的地点有：竹纸调查地为楚雄九渡村和文山者卡村，东巴纸调查地为丽江和迪庆白水台，藏纸调查地为迪庆尼西乡枪朵村，构树皮纸调查地为西双版纳曼召村、临沧芒团村、大理龙珠村、保山新庄和曲靖募补村。调查过程中收集到竹纸、东巴纸和不同种类的构树皮纸，对其进行了纸张纤维分析，测试各种纸张的定量、耐折度、撕裂度和抗张强度等物理性能，探索不同类型手工纸载体材料的耐久性。其中值得一提的是，实地调查时在丽江白水台一位造纸工匠处定制一批添加过现代造纸助剂的改良型东巴纸，取得5种东巴纸样品用于纸张纤维分析，测试东巴纸的定量、耐折度、撕裂度和抗张强度等物理性能，研究普通东巴纸载体材料的耐久性，并与添加过助剂材料的纸张进行对比，探索改良东巴纸的方式。

最后，进行手工纸制造工艺对档案材料耐久性影响的综合分析，通过研究竹、荛花、狼毒、构树等几种造纸原料对纸张耐久性的影响，分析纸药添加与否、造纸技术的不同，对所造纸张耐久性的影响。并提出云南少数民族手工纸历史档案保护对策，建议提高手工纸耐久性为档案保护提供支持，构建少数民族手工纸历史档案保护体系，开展手工纸历史档案的普查工作，加强手工纸保护的学术交流。

  限于作者水平，书中难免存在不足之处，恳请读者和专家批评指正。

李忠峪
二〇一九年七月

目 录

第1章 绪 论 ··· 001
  1.1 研究背景 ··· 001
  1.2 研究综述 ··· 005
    1.2.1 国内研究 ·· 005
    1.2.2 国外研究 ·· 012
  1.3 选题意义 ··· 017
    1.3.1 理论意义 ·· 017
    1.3.2 现实意义 ·· 017
  1.4 研究概况 ··· 019
    1.4.1 研究思路 ·· 019
    1.4.2 研究方法 ·· 020
    1.4.3 创新之处 ·· 025

第2章 云南竹纸档案耐久性研究 ··· 027
  2.1 云南竹纸档案概况 ··· 027
  2.2 云南竹纸制造地区实地调查 ··· 032
    2.2.1 楚雄竹纸 ·· 032
    2.2.2 文山竹纸 ·· 039
  2.3 云南竹纸耐久性分析 ·· 046
    2.3.1 云南竹纸纤维分析 ··· 046
    2.3.2 云南竹纸耐久性测试 ·· 048

第3章 云南东巴纸档案耐久性研究 ………………………… 050

3.1 云南东巴纸档案概况 …………………………………… 050
3.2 云南东巴纸制造地区实地调查 ………………………… 055
3.2.1 丽江东巴纸 ………………………………………… 055
3.2.2 迪庆东巴纸 ………………………………………… 061
3.3 云南东巴纸耐久性分析 ………………………………… 072
3.3.1 云南东巴纸纤维分析 ……………………………… 075
3.3.2 云南东巴纸耐久性测试 …………………………… 085

第4章 云南藏纸档案耐久性研究 ………………………… 089

4.1 云南藏纸档案概况 ……………………………………… 089
4.2 云南藏纸制造地区实地调查——迪庆藏纸 …………… 094
4.3 云南藏纸耐久性分析 …………………………………… 102

第5章 云南构树皮纸档案耐久性研究 …………………… 107

5.1 云南构树皮纸档案概况 ………………………………… 107
5.2 云南构树皮纸制造地区实地调查 ……………………… 115
5.2.1 西双版纳构树皮纸 ………………………………… 115
5.2.2 临沧构树皮纸 ……………………………………… 121
5.2.3 大理构树皮纸 ……………………………………… 127
5.2.4 保山构树皮纸 ……………………………………… 135
5.2.5 曲靖构树皮纸 ……………………………………… 146
5.3 云南构树皮纸耐久性分析 ……………………………… 153
5.3.1 云南构树皮纸纤维分析 …………………………… 156
5.3.2 云南构树皮纸耐久性测试 ………………………… 164

第6章 制造工艺对手工纸耐久性影响的综合分析 …… 167
6.1 造纸原料对手工纸耐久性影响的比较研究 …… 167
6.1.1 竹原料对手工纸耐久性的影响 …… 168
6.1.2 瑞香荛花原料对手工纸耐久性的影响 …… 173
6.1.3 瑞香狼毒原料对手工纸耐久性的影响 …… 176
6.1.4 构树皮原料对手工纸耐久性的影响 …… 179
6.2 造纸工艺对手工纸耐久性影响的比较研究 …… 184
6.2.1 纸药对手工纸耐久性影响 …… 184
6.2.2 造纸技术对手工纸耐久性影 …… 188

第7章 云南手工纸历史档案保护对策 …… 195
7.1 保护手工造纸工艺为档案保护服务 …… 195
7.1.1 提高手工纸耐久性为档案保护提供支持 …… 195
7.1.2 手工造纸工艺的传承 …… 197
7.1.3 少数民族档案用纸与其民族文化变迁 …… 198
7.2 云南手工纸历史档案保护体系构建 …… 201
7.2.1 加强手工纸历史档案保护基础建设 …… 201
7.2.2 开展纸质历史档案现状调查 …… 204
7.2.3 扩大纸张材料保护技术学术交流 …… 208

附　录　　　214
参考文献　　220
致　谢　　　234

第1章 绪 论

1.1 研究背景

云南地处西南边陲,拥有丰富的动植物资源,享有"植物王国"与"动物王国"的美誉。同时,云南位于中国的西南地区,与越南、老挝、缅甸三国接壤。云南省是中国少数民族最多的省份,除汉族以外,居住着彝族、白族、哈尼族、傣族、傈僳族、拉祜族、纳西族、普米族、阿昌族、怒族、基诺族、德昂族等25个少数民族,其中云南特有的民族有15个。众多的少数民族在几千年的生产、生活中创造了灿烂的文化,并产生和形成了数量惊人的珍贵档案,使云南成了一个民族文化资源丰富的省份。由于各民族有着不同的生活环境、语言文字、宗教信仰、历史机遇等,所以他们各自形成了风格迥异的各类型历史档案,这些历史档案记录着各民族的社会历史、政治经济、宗教民俗、文学艺术、科学技术等各个方面的内容,是宝贵的文化遗产。由于这些档案的载体形式多种多样,保存环境各异,人们对其重视情况不同,很多历史档案遭到损毁,本书着眼于纸张档案载体的保护研究,对于保护纸质历史档案有积极的意义。

云南省少数民族的语言文字极其丰富,留下大量用不同语言文字记录的档案。云南民族语言分属汉藏、南亚两大语系,除回族、水族、满族等通用汉语外,还有23个民族使用着27种语言。云南民族的文字种类和形态也非常丰富,在26个民族中,有15个民族使用着24种不同类型的文字。其中纳西族使用的东巴文是一种古老的象形文字;彝族使用一种表意和表音相结合的音节文字,如今流传的很多彝文文献就是用这种文字记录的;傣族使用傣泐文、傣绷文、傣端文和傣纳文,这些文字随南传佛教的传入而被傣族人民使用,也有将近千年的历史;藏文是仿照梵文字体而创制的一种拼音文字，有上千年历史；白族使用的白文，又称为"僰文"，是南诏中后期，通过增减汉字的笔画，用汉字或汉字的偏旁仿照汉字的造字法组合成字等办法，用来记录白语而形成的一种文字。壮族先民效仿汉字六书的构字法创制了"方块壮字"，留下很多古壮字历史档案。水族也有自己的文字，称为"水文"。民族语言文字是一种社会资源、文化资源，同时也是形成档案的必要组成部分；同样，保护民族历史档案，也有利于传承语言文字。本书的研究以丰富的民族语言文字为切入点，以用各民族文字书写的纸质档案保护为研究内容。

云南省内不仅各民族语言文字丰富，档案载体材料也非常多样化，主要有：纸张材料、石刻材料、贝叶材料、金属材料、陶土材料、竹木材料、纺织材料等。本书以纸张材料为研究的切入点，着重研究手工纸材料耐久性。因为现代保存的大部分历史档案都是用手工纸材料书写而成。纳西族东巴档案，一般是东巴祭师自己造纸，然后用竹笔书写后形成的历史档案。自从纸张在古代彝族社会生活中出现以后，彝文历史档案的总体构成便发生了根本性改变，纸质彝文历史档案成为彝文历史档案的主体构成部分。从彝文历史档案的产生与发展来看，纸质彝文历史档案的形成主要有书写、木刻印刷、石印和铅印等几种方式。[①]藏族也有大量纸质历史档案流传后世，藏文传统书写习惯是使用竹笔蘸墨水写于纸上，藏文古籍一般都是用布包起来或用两块木板上下相夹的横长条散页式的书籍，即梵夹本形式，它是过去藏文古籍最重要的装帧形式，也是藏文古籍最主要的特征。[②]傣族历史档案载体中，贝叶载体是一种非常重要的材料，除此之外，纸质档案载体也非常多见。纸张材料轻便易于使用，一出现就被寺院大量采用书写经文，极大地促进了傣族人民文化的传播，也促进了纸质傣文历史档案的形成和发展。可见，造纸术的传播，纸张材料的推广和应用，对各族人民历史档案的形成和发展起到了积极的作用，纸张材料载体是各族人民文化生活中不可或缺的一个重要部分。现在，如何保护纸张材料，特别是古代形成的手工纸载体材料，

[①] 华林：《西南彝族历史档案》，云南大学出版社1999年版，第117页。
[②] 华林：《藏文历史档案研究》，云南大学出版社2006年版，第205页。

应该受到关注。

任何一种档案载体材料，都会受到很多因素的影响而发生老化或者毁坏。纸张材料不管用什么原料制成，在保管、存放和利用过程中，随着时间的推移、环境的变化和保管条件不同，材料的外观特征、内部结构、机械性能和理化性质等各方面都会发生不可逆转的老化变质，这种变化随着时间的推移而逐渐加剧，所以人们应该重视这一现状，加强对纸张材料的保护。纸质历史档案是云南民族文化的重要载体，见证了云南各民族的发展进程，也是我国历史文化遗产的重要组成部分。由于历史档案本身具有记录的原始性特征，其承载的信息资源是少数民族历史文化的真实佐证，是珍贵的民族文化记忆，保护工作刻不容缓。其蕴含的信息是研究古代历史、政务活动、民俗文化活动所必需的；不同的纸张材料还能进一步反应档案形成时期的社会科技发展水平、生产条件、社会经济情况和其生产地的地理环境，为研究科技史、造纸传播史、造纸发展史、手工业发展史、考古学、民俗学等方面提供良好素材。

如何保护纸质历史档案，要从影响其损毁的因素谈起，其三要因素：内因是纸张材料本身的质量，外因是保存环境。张欢和梁义在《纸质文物保护技术及环境控制对策》一文中对纸质材料损毁的原因做了论述，认为"影响纸质文物保存的因素可分为内因和外因，内因是纸张及其附加材料本身，外因是纸质文物的保存环境。纸张的主要成分是纤维素，纤维素在水、酸、热、光、有害气体、金属离子、生物等因素长期作用下会发生化学或物理变化，使纸张老化腐蚀、强度下降，纸张的面貌也可能因此发生变化。其中，酸和氧化作用对纸质文物的不利影响尤为显著。了解纸质文物病害发生的原因和机理是一切保护对策的基础。从纸质文物保护的途径来看，一方面是直接干预，即保护修复处理。使用安全有效的保护材料和操作工艺，对文物本体进行保护处理，从而消除病害、稳定纸张结构；另一方面是间接控制，即保存环境控制。通过对保存环境的监控，减少引起纸质文物病变的外在因素"[①]。国内外学者

[①] 张欢，梁义：《纸质文物保护技术及环境控制对策》，载《中国文物学研究》，2010年第4期。

对外部因素的研究已有丰硕成果，云南省各地区有关机构也都采用先进的机器设备来监控和调节档案保管环境；但是对内部因素的研究还不完善，所以本书将从纸张制成材料和制作过程入手，探究内因对纸张材料耐久性的影响。

1.2 研究综述

1.2.1 国内研究

1961年,《档案保护技术学》的出版表明"档案保护技术学"作为一门学科在我国正式创立。[①]然而,早在学科形成之前,我国就摸索了不少保护档案文献遗产的经验方法。这些经验方法可以追溯到殷商甲骨文遗产的保管。中华人民共和国成立后,档案文献遗产保护经过了起步、"文化大革命"期间停顿、改革开放后的飞速发展、20世纪90年代初的发展顶峰以及此后的平稳发展阶段,研究内容涉及档案保护和修复的方方面面,从传统的纸质档案到新型档案,从档案制成材料到档案保护方法,从库房建筑设备到档案保管环境,从经验交流到理论研究,从基本技术到基础理论,档案保护技术研究范围宽泛,成果迭出。[②]

1.2.1.1 档案保护技术学有关著作

关于档案保护的综合性著作有二十余部,这其中也包括文物、考古、文献遗产等不同种类书籍的有关内容。云南大学罗茂斌教授编著的《档案保护技术学》一书,综合介绍了档案制成材料,档案制成材料老化变质机理,档案库房温度管理,档案管理中防光、防空气污染物,损害档案的微生物及其防治,档案害虫及其防治,档案库房建筑,档案修复技术,古代文献保护技术概述[③]等方面的内容,是一本综合类档案保护技术学专著。其他专著还有:中国人民大学出版社出版的《档案保护技术学教程》,由著名的专家郭莉珠主编,张美芳、张建华任副主编,综合介绍档案保护学科的有关内容,主要供高校教学使用。[④]武汉大学刘

---

① 金波:《档案保护技术学》,高等教育出版社2000年版。
② 周耀林:《对1949—2000年我国档案保护技术研究论文的统计分析》,载《档案学研究》,2002年第4期。
③ 罗茂斌:《档案保护技术学》,云南科技出版社2001年版。
④ 郭莉珠:《档案保护技术学教程》,中国人民大学出版社2000年版。

家真主编的《文献遗产保护》，该书注重知识的拓展和延伸，结合了大量国内外的最新研究热点，并且注重理论与实践的交融，强调管理策略与管理方法的结合，适宜教学，也适合文献管理工笔者、文献管理政策制定者以及从事相关研究的科学技术人员使用。[①]书中提到，国家标准《信息与文献—文献用纸—耐久性要求》2002年完成报批稿，国家标准《信息与文献—档案用纸—耐久性和耐用性要求》2002年完成报批稿，对于提高档案用纸的耐久性具有重要意义；并提出将氮气保护库用于珍贵档案、图书的保护，可以防止纸张发生酸化和氧化反应。此外，周耀林的《档案文献遗产保护理论与实践》一书，是近年来出版的一本档案保护研究方面的力作，该书结合中外档案保护和文化遗产保护研究的最新成果，资料来源丰富、引用翔实规范，并与实践保护工作相结合，体现了当代档案文献遗产保护的科学发展观，为当代档案文献保护提出了实用的方法论指导。[②]另外，仇壮丽著的《中国档案保护史论》一书，打开了档案保护学研究的新方向，该书收集了大量史料，采用比较研究、实地调研及系统思维的方法，首次对中国档案保护历史进行全面分析研究，总结我国自古以来的档案保护规律，对于完善档案保护学科体系及保护人类文化遗产都具有重要意义。[③]其他相关学科著作有：刘蕙贞编著的《文物保护学》，王成兴、尹慧道主编的《文物保护技术》，张承志著的《文物保藏学原理》等。此类书籍中，都提到纸质文物的保护和修复技术，与档案学中的纸质档案材料保护与修复内容，可以相互学习借鉴。

1.2.1.2 档案载体保护内容研究

除了有大量专著综合论述档案保护技术学有关内容外，档案载体作为承载档案信息的基本工具，其研究一直受到重视，本书的研究对象即纸张载体材料。21世纪以来，对档案载体的研究主要有几个方面：纸质

[①] 刘家真：《文献遗产保护》，高等教育出版社2005年版。
[②] 周耀林：《档案文献遗产保护理论与实践》，武汉大学出版社2008年版。
[③] 仇壮丽：《中国档案保护史论》，湘潭大学出版社2007年版。

档案保护、照片档案保护、磁性载体档案保护、光盘档案保护、电子文件与数字信息保护和其他载体保护。查阅有关论文发现与纸质档案载体保护有关的研究主要包含以下几个方面：

1．复印材料和字迹材料耐久性研究

彭远明提出保障复印件耐久性的措施，主要内容有：选择优良的复印纸和复印墨粉材料，使用符合要求的适当强度的复印光源，保证足够的作用时间，避免强光的破坏，选取合适的复印墨和上粉量使字迹有合适的色泽密度、复印完后静置片段、待复印件冷却后进行处理，以及防止复印件档案在保存时因墨粉融熔而发生的纸页粘连现象。①张兆成分析了复印件墨粉字迹材料的组成，对其进行性能试验，从原理上阐述复印类墨粉自己脱落和粘连的原因，并提出保护这类字迹材料的方法："一是档案的保存环境温度和湿度不宜过高，二是档案最好要装盒直立存放以减小字迹面压力、避免字迹发生粘连脱落现象。"②关于打印字迹的耐久性，姜首信、郭莉珠、李明闲等对普遍使用的20种计算机打印字迹材料进行了各项老化试验，分析其耐久性，提出作为档案保存的计算机打印件，最好选择激光打印字迹材料；色带、喷墨类打印字迹材料质量虽然参差不齐，但它们的耐久性都低于激光打印字迹材料，不宜选作档案字迹材料，尤其是喷墨类中的水基墨，耐久性差，不能用于档案保存。③另外对于国画颜料耐久性的研究还不多见，李佳通过实验数据分析，提出影响国画档案颜料耐久性的主要外界环境因素是碱、紫外光和氧化剂；并提出保存和展览过程中应注意控制温湿度、紫外光强度，保持空气清洁，对于特别珍贵的书画藏品除有专门的藏品库房外，还应进行专门的包装储存。④韩秀琴、张美芳等提出，对于近十几年出现的修正液、修正带，如何选择、如何使用以及耐久性的研究至今未见报道，她们选用不同品种、不同类型的修正液、修正

---

① 彭远明：《静电复印件纸页粘连褪变的量化研究》，载《档案学通讯》，2001年第6期。
② 张兆成：《复印墨粉类字迹材料的保护》，载《档案学研究》，2003年第3期。
③ 姜首信，郭莉珠，李明闲：《计算机打印字迹材料耐久性研究》，载《档案学通讯》，2001年第3期。
④ 李佳：《国画档案颜料耐久性研究》，载《档案学通讯》，2003年第6期。

带涂或贴在字迹上，然后比较修正液、修正带本身的耐久性及其涂或贴于字迹后，字迹耐久性的变化情况，为延长修改后字迹的耐久性提供理论依据。试验表明：酸、碱和湿度对在修正液、修正带上涂布的蓝黑墨水字迹的影响普遍较碳素墨水字迹的影响大。而在修正带上涂布的蓝黑字迹要比在修改液上的耐久性好得多，因此建议今后如在修正液上重新写字迹时应用碳素墨水。[1]

2. 图纸档案和古代地图的保护

关注图纸档案保护的人不多，但是其利用率较高。蔡丽娜、李凤莲分析了图纸档案保存中存在的八种问题，主要是没有统一管理标准、图纸尺寸较大影响保存和利用、损毁过程快、修复困难等，提出在图纸保护中对库房的要求、对设备的要求、对保管环境和保管方法的要求；归纳出图纸档案保护和修复的方法有：检验、平整、去酸、托表、裂损的修复和照相复制保护等六种。[2]有关古代地图保护的研究者也不多。中文古地图在历史上受到政治、战争和自然灾害的毁坏，流传下来的数量有限。王玲玲分析古代地图保存不利的原因有：官方严格管理导致地图不易流传，绘制和复制地图困难，古代地图绘制技术有限限制了地图的生产数量等。她进而提出中文古地图的形态、大小、质地等物理特性直接影响着地图的保存。根据现有条件和技术能力她提出以下建议：中文古地图的存放方面重点考虑单幅图的存放；在还没有更多或更好的办法之前，更要谨慎行事，坚持"整旧如旧"和保持地图原貌的原则，采用在技术上已有充分把握的修复方案，做到不损毁地图；对于还没有把握的技术和修复用料最好不用，宁愿暂时不修，等技术成熟或修复用料安全后再修。[3]刘小敏、齐银卿认为，纸张酸化直接影响档案寿命，降低纸张酸度是档案保护的重要手段之一。她们介绍了一批古地图档案的脱酸实践经验，基于古地图档案修复工作，依据档案现状选用适当的脱酸方法，介绍脱酸过程中各种实际问题的

---

[1] 韩秀琴、张美芳、艾建华，等：《修正液、修正带及字迹耐久性研究》，载《档案学通讯》，2003年第3期。
[2] 蔡丽娜、李凤莲：《图纸档案保护的问题与对策》，载《档案学通讯》，2005年第1期。
[3] 王玲玲：《中文古地图的保护与修复》，载《档案学研究》，2005年第4期。

解决方法，并对德国耐生公司BCP脱酸剂与氢氧化钙-碳酸氢钙溶剂脱酸方法进行了分析比较。[1]

3. 书画材料的保护研究

我国明清时期许多珍贵的书画是做在熟宣上的，这些书画保存到现在，大多已发黄变脆、断裂，严重者已完全断裂为碎片。其原因主要是熟宣耐久性差。熟宣是经过施胶的生宣纸。施胶有两种，一种是内部施胶，就是在抄纸准备过程中，向纸浆中加进一些胶料，使之沉淀在纤维上，当纸张经过干燥，表面胶粒熔成薄薄的一层胶膜，纸张就有了抗水性，写字时墨就不会化开，也不会透到纸的背面去；另一种是表面施胶，就是在抄纸过程中或成纸后，在纸面涂上一层胶膜。施过胶的宣纸不易沁透水分，适合做工笔画，但其酸度高，其酸度主要来自胶料，胶料包括松香胶和明矾，明矾水解产生硫酸，使纸张的酸度大大提高，耐久性下降。刑惠萍、李玉虎为解决这一问题进行了试验，分别对揭裱下来的画心进行脱酸，然后再进行装裱，与没有进行脱酸直接修裱的画心同时进行加速老化，对三者物理强度和化学性能进行比较，得出结论：为了使珍贵的书画得到更好的保护，延长其寿命，在修裱前，要对酸性高的画心进行脱酸。另外，他们所采用的强力缓冲脱酸保护法，对熟宣画心的保护要比传统的碳酸氢镁法好，值得进一步研究和推广。[2]此外，邢惠萍、李玉虎、伍爱玲提出用碳素环境保护字画，用碳素纸将字画用纸张、颜料分别包起来模拟碳素环境，和对照样在相同条件下加速老化后，测定纸张强度、颜料色差，结果表示，碳素环境下纸张的强度比对照样要好，颜料的色差也较小，说明碳素环境对字画具有保护作用，可以使其强度、颜料色彩保持良好，从而延长其寿命。在实际应用时，可以用做好的碳素纸将字画卷起来保存，该方法也可以推广到更多的纸质档案保护领域。[3]

---

[1] 刘小敏，齐银卿：《古地图档案脱酸实践》，载《档案学通讯》，2006年第2期。

[2] 邢惠萍，李玉虎：《明清古旧书画熟宣纸的修复与脱酸研究》，载《档案学通讯》，2005年第5期。

[3] 邢惠萍，李玉虎，伍爱玲：《环境对字画的保护研究》，载《档案学研究》，2007年第1期。

4. 纸张耐久性及纸张老化的研究

邢惠萍介绍影响纸张老化的主要因素是酸度、光、氧化、湿度和温度，并综述了近年来国内外纸张保护的主要方法和各个方法的优点及存在的问题，进而提出寻求一种既能提高纸张耐久性又经济方便的保护方法的迫切性。[1]王海松、侯庆喜等人关注档案纸的老化机理和防虫研究，呼吁尽快颁布关于档案纸耐久性要求的国家标准。他们还强调不仅要选择合适的检测方法真实地反映纸张的耐久性程度，实时监控纸张的老化状况，以采取适当的方法进行档案的保护，而且要在全面了解纸张老化、腐蚀机理的基础上，从纸张原料的选择、抄造方法和储存环境等方面综合考虑提高纸张的耐久性。[2]戴畅和尹慧道通过试验表明，使用菊酯类杀虫剂后，七种档案库房常用纸张的白度、耐折度和撕裂度都发生了不同程度的降低，处理时间越长，下降幅度越大；最后提出应将菊酯类杀虫剂主要用于空库或空地的喷洒杀虫，减少对档案纸张的损坏。[3]张美芳、韩秀琴介绍了国外纸张加固普遍使用的方法，选用乙基纤维素、丝网进行加固纸张的实验，通过加固前后纸张物理性能的比较和加固纸张老化前后物理性能的测定，分析比较两种方法的特点，预测加固后纸张的寿命；最后得出结论：经老化试验后用丝网和乙基纤维素加固的纸张，同未加固纸张相比，其物理性能都有所下降，乙基纤维素加固的纸张下降幅度稍大些。丝网加固纸张的变化与未加固纸张变化相差不大，加固方法并没有影响纸张的寿命。[4]木质素是影响纸质档案耐久性的重要因素，张美芳还提出，利用转基因技术降低植物体中木质素的含量，既可以降低能耗，减少对环境的污染，又可以从根本上解决纸浆木质素含

---

[1] 邢惠萍：《纸张保护的研究进展》，载《陕西师范大学学报》（自然科学版），2004年第6期。

[2] 王海松，侯庆喜，曹振雷，等：《耐久性档案纸及其研究进展》，载《中国造纸》，2007年第10期。

[3] 戴畅，尹慧道：《菊酯类杀虫剂对档案纸张耐久性影响的初试报告》，载《机电兵船档案》，2004第3期。

[4] 张美芳，韩秀琴：《加固纸张耐久性的研究》，载《档案学通讯》，2002年第5期。

量高的问题,从而提高纸张的耐久性。①关于这方面的研究还有很多,很多学者从温度、湿度、大气污染、冷冻杀虫、光老化等情况对纸张耐久性的影响进行了多方面分析,研究成果颇丰。

1.2.1.3 少数民族档案载体的有关研究内容

从档案学角度出发,云南大学郑荃专门撰文对西南少数民族纸质历史档案的保护问题进行研究,她指出西南少数民族纸质历史档案是指1949年以前各少数民族以纸质载体形成的反映古代少数民族社会历史发展情况的历史记录。受自然和人为因素的影响,许多珍贵的西南少数民族纸质历史档案已遭受损毁,如何采取各种有效措施,抢救与保护这些珍贵的民族历史文化遗产是需要解决的重点问题。②文中介绍了西南少数民族纸质历史档案的种类和类型,及其损坏和流失情况,提出保护的方法和措施。此外,涉及少数民族档案载体的著作有:华林著的《西南少数民族历史档案管理学》《傣族历史档案研究》《藏文历史档案研究》《西南彝族历史档案》,及何永斌著的《西川羌族特殊载体档案史料研究》等,专门介绍少数民族档案包含的各类载体材料。少数民族档案最常用的就是纸质档案载体,而且很多民族使用的纸张都是手工制作的,其工艺一直流传到现代,有些地区的群众还在继续使用。但是,各类书籍对这些手工纸载体材料的制作工艺及纸张耐久性的论述还够不深入具体,有待进一步的研究。

其他学科对少数民族手工纸的生产和应用有过调查和了解。如李晓岑著的《云南少数民族手工造纸》《科学和技艺的历程——云南民族科技》《白族的科学与文明》《南诏大理国科学技术史》,杨建昆主编的《云南民族手工造纸地图》,牛治富主编的《西藏科学技术史》,费孝通、张之毅著的《云南三村》等著作,都涉及少数民族手工造纸的历史、生产情况、使用情况等方面的问题,对从纸张生产过程探究纸张耐久性提供了有益的参考。此外,古代关于纸张制作的专著有:苏

---

① 张美芳:《生物技术与档案保护》,载《档案学通讯》,2001年第4期。
② 郑荃:《西南少数民族纸质历史档案的抢救与保护》,载《档案学通讯》,2005年第5期。

易简（958—996）《文房四谱·纸谱》，费著（约1303—1363）《蜀笺谱》，宋应星（1587—1666？）《天工开物·杀青》，黄兴三（约1850—1910）《纸说》等。①近代，潘吉星著的《中国造纸史》，钱存训著的《书于竹帛》《中国纸和印刷文化史》，刘仁庆著的《中国古纸谱》，王菊华主编的《中国古代造纸工程技术史》等著作，站在宏观的角度上记录了我国各民族各时期的各种手工纸制作方法，对于了解手工纸的发展历程很有帮助，为探究手工纸的耐久性开辟了新的视角。

此外，关于手工纸研究的论文也非常多，但是涉及手工纸耐久性分析的却很少，针对云南地区各民族手工纸档案载体的耐久性研究，几乎为零。

综上所述，我国对档案载体材料的研究取得了很多成果，但是针对手工纸这一载体的保护研究还有待深入；其他相关学科对手工纸的制作有很多研究，但是没有深入分析纸张的耐久性等性能。所以本书尝试将手工造纸技术与手工纸档案载体耐久性研究结合，意在为更好地保护以手工纸这类档案载体进行一些有意义的尝试。

1.2.2 国外研究

20世纪四五十年代，美国化学家巴罗（Barrow）对纸张的酸性效应进行了研究，确认图书纸张85%～90%的恶化都是因纸张含酸量明显上升造成的，并提出了氢氧化钙-碳酸氢钙两种溶液去酸法及碳酸氢镁单种溶液去酸法（简称巴罗法）。在此基础上，人们开始对纸质载体材料酸性老化的作用机理和去酸技术进行系列探讨。②

1.2.2.1 纸张载体档案保护技术国外研究概况

目前国内可见的，除了有关介绍国外档案工作的几本专著外，研究国外档案保护技术历史与经验的论文不足十篇。③关于纸张载体的耐久性

---

① 潘吉星：《中国造纸史》，上海人民出版社2009年版，第28页。
② 尹慧道，高菲：《纸质档案液相去酸法利弊剖析》，载《档案学通讯》，2002年第1期。
③ 胡鸿杰：《化腐朽为神奇——中国档案学评析》，上海世界图书出版公司2010年版，第11页。

研究，根据刘家真《文献遗产保护》一书，可以将目前国外研究进展归纳如下：

1．纸张损坏研究进展

美国国会图书馆试验表明，被密闭的纸页更能保留酸性物质；美国国家档案馆等调查证实，书中心位置的纸张比边缘的纸张要更脆弱；最近的研究还表明，酸性纸老化速度比目前公认的加速老化测试显示的速度要快；对于纸张标准的研究，更注重于面向用户对纸张性能的需要；采用新造纸工艺制造的一些纸张，存在本身为酸性，但测试结果呈现碱性的结果，所以将促进改变纸张耐久性测试的方法和标准。

2．纸张变质研究

由J. Luiz Pedersoli主持的一个研究项目，旨在制定一个能够反映纸质环境的微观分析法，该方法是标准纸张老化测试的基础，也是与其他相关标准化测试方法所取得的结果进行比较的基础；对于纸张的变质研究机理，由水解研究转向了氧化降解机理研究，对于氧化问题的新关注不再着眼于墨水腐蚀、照片褪色等专门问题，而是从总体方面研究纸张的氧化降解问题。对于纸张脆化而不能提供利用的问题，进行了MDEP加强纸的强度的实验项目，该项目小组开发出"纸分层法"，有望能有效加强纸张机械强度和延缓纸张劣变。

3．纸张保存环境研究

操作不当，储存方式不对，保存环境不利，会加快纸张的形体损坏及化学反应，不利于延长纸张的寿命。对环境的要求主要是保持稳定和适宜的温度，最适宜的温度是18～22℃，相对湿度应控制在45%～55%的范围内，光线应控制在最小范围内，保持干净通风，避免灰尘和其他污染物，采取措施防止真菌、霉菌和虫害。空气污染物对已经去酸纸张的再影响是研究热点，芬兰赫尔辛基大学图书馆专门立项对这一问题进行研究。

4. 纸张修复抢救的研究

采用电解、抗氧化剂和自由基清除剂这三种新方法，修复被墨水侵蚀的纸张。对于因受水灾影响的档案，采用冷冻烘干或风干等方法对受潮纸质文献档案进行修复和抢救，干燥过程带来的负面作用也引起了有关学者的关注，其中，Carlsen和来自丹麦哥本哈根皇家图书馆保护部的同事们研究了冻干法对纸张机械强度和老化温度性的影响。另外，美国史密森学会、国家档案与文件署、国会图书馆和国家公园服务中心出版发行了《灾难预防与文献保护的应急手册》，该手册介绍了各种自然灾祸的预防和灾后处理，收集了纸质材料应急抢救的信息。[①]

1.2.2.2 手工纸的国外研究概况

1. 英国

英国学者李约瑟，是著名的中国科学技术史专家，英国皇家科学院院士，英国文学院院士，英中友谊协会会长。李约瑟博士主编的七卷本英文版《中国科学技术史》从1954年开始由英国剑桥大学出版社陆续出版，被认为是20世纪完成的重大学术成果之一，是欧洲人学术研究的最高成就。书中第五卷论化学及相关科学技术，是全书最大的一卷，共有13个分册。第一分册讲造纸术及印刷术，由美国芝加哥大学钱存训执笔，1985年出版。这是最著名的，应该也是最早的研究中国造纸的外国专著。

2. 澳大利亚

澳大利亚学者唐立在1989年8月至1995年5月期间7次前往云南调查研究，对云南的制陶、造纸、制糖、榨油等技术进行全面考察，调查资料汇集后出版成中文书：《云南物质文化·生活技术卷》。书中记录的造纸技术一章，研究内容为：云南造纸探源、明清时代云南的造纸业概况、西双版纳傣族的贝叶经和造纸技术、孟定傣族的造纸技术、哈尼

---

① 刘家真：《文献遗产保护》，高等教育出版社2005年版，第151-159页。

族的竹纸制造技术、纳西族的造纸技术、腾冲汉族的造纸技术等几个部分。该书还配有大量实地拍摄的图片，能够让读者更直观地了解造纸过程。书中虽然没有就纸张成分和耐久性进行分析，但是注释及参考文献翔实，不失为一本了解云南手工技术的优质书籍。

3．日本

日本也生产手工纸，称为"和纸"，我国冯彤博士著的《和纸的艺术——日本无形文化遗产》一书，站在文化遗产的角度上综合介绍日本和纸的情况，包括和纸的传播与发展、和纸的制作工艺、和纸的用途、和纸的文化象征等内容，对全面了解和纸有很大参考价值。此外，日本国内对手工纸张的研究成果丰富，如：久米康生《和纸の源流》，岩波书店2004年出版，《和纸の見分け方》，东京美术社2003年出版；渡边滕二郎《染纸と草木染》，纸博物馆1990年出版；增田胜彦监修《和纸と暮うす》，平凡社2004年出版等。此外。中国、日本和韩国都面临传统纸张文物保护修复的问题，所以共同发起召开东亚纸张保护学术会议，搭建学术交流平台。第一届东亚纸张保护学术研讨会论文集中，渡边明义《日本的文物修复和日本国宝修理装潢师联盟》一文，介绍日本政府支持文物修复工作，日本文物修复的理念与方法，日本修复工作人员的资格制度等；岗岩太郎《修复技者和纸张科学》一文，介绍日本如何修复受损纸张，并提出修复前应充分了解被修复纸张的纤维特征，再制作最接近该种纸的修复纸，用于修复；加藤雅人《纸张科学分析的最新进展》一文，综合介绍纸张科学分析的常用及最新技术手段，并提出，为了保护文物，应尽量提高分析的效率并减少分析；半田昌规《日本传统的纸质文物修复技法》一文，介绍日本的传统修复技术及其发展变迁，以及新技术的发展等；宇都宫正纪《关于用"漉嵌"进行大量文书的修理》一文，介绍"漉嵌"这种欧洲开发出来的技法如何应用于实际纸张材料的修复，并分析了该技术的优缺点。①以上日本的研究成果，开阔了纸张材料研究的视野，值得借鉴和学习。

---

① 苏荣誉，等编：《东亚纸质文物保护：第一届东亚纸张保护学术研讨会论文集》，科学出版社，2008年8月，30-94页。

4．韩国

在第一届东亚纸张保护学术研讨会论文集中，韩国龙仁大学校文化财保存学科教授朴智善发表《韩国纸质文物的修补和现状》一文，介绍韩国纸文物的历史、韩纸的特征、韩国纸文物的损伤与修补等内容，能促进对韩纸的了解，有助于加强手工纸研究的交流。

综上所述，国外对档案载体材料的研究内容取得了很多成果，但是针对手工纸这一载体的保护研究还有待深入；对手工纸的制造有很多研究，但是缺乏对纸张耐久性的深入分析。所以本书尝试将手工造纸技术与手工纸档案载体耐久性研究结合，意在为更好地保护手工纸这类档案载体进行一些有意义的尝试，也将有助于与各国学者交流学习。

1.3 选题意义

1.3.1 理论意义

（1）由于云南省现存少数民族历史档案的载体基本上都是纸质材料，其中还有很多是手工纸，所以深入研究此类纸张材料，对不同纸张材料的耐久性进行分析，对各类型纸张载体的植物纤维原料、化学成分、制造工艺进行具体研究，能够弥补云南省乃至国内对少数民族历史档案载体研究不够深入的缺憾，也能拓展少数民族历史档案研究的范围，推动纸质历史档案的保护和修复工作。

（2）本书着眼于少数民族档案保护，既能丰富档案保护技术学的理论内容，又结合社会学、民族学、人类学等多种社会学科的研究方法，体现了各学科的交流和借鉴，拓宽档案学的研究视野，对促进民族档案学学术框架的构建，推动民族文化遗产保护，加强纸张载体档案保护研究都有积极的意义。

1.3.2 现实意义

（1）微观上，第一次从档案学的视角出发，实地考察云南地区手工造纸现实情况，对造纸原料和造纸工艺进行了解，并用科学的实验方法分析各族人民制造的手工纸的耐久性。一方面可以对现实中使用的各类纸张载体材料有全面了解，同时借以分析记录历史档案的纸张材料耐久性，提出保护、修护和抢救的建议；另一方面对改进手工纸的耐久性进行对比试验，通过分析，能够提出改进纸张强度的操作方法，能运用于实际，提高现在各民族用于记录其历史文化的纸张的质量，为将来更好地运用和保存这些活档案打下基础。

（2）宏观上，首先，本书的研究内容和结果可以供其他学科借鉴使用，有助于促进各学科对少数民族生活、文化、历史和档案的全面研究，促进云南省建立更完善的保护少数民族文化和历史遗产的系统平台，为有关职能部门制定保护政策法规、制定科学研究计划、建设信息管理系统等提供基础性参考依据。其次,本书的研究内容不仅可以应用于国内,也可以与国外进行多种方式的交流合作,借鉴其先进的档案保护技术,结合云南民间的手工造纸工艺,改善手工纸的耐久性;也可以将云南文化中独特的一面,介绍给世界上更多的人。

1.4 研究概况

1.4.1 研究思路

本书的研究内容是如何保护云南省现存的各类纸质档案，特别是手工纸档案。所以从研究手工纸的制造工艺出发，揭示制造工艺对纸张耐久性的影响，提出保护手工纸档案载体的思路和技术方法，并对改进其制作工艺进行一些探讨，以便对手工纸档案载体材料耐久性进行技术改良。

在实地调查和实验分析的基础上，了解当前云南各民族手工造纸活动的情况，特别是对彝族竹纸、纳西族东巴纸、白族白棉纸、傣族构树皮纸、藏族狼毒纸的制作原料、工艺进行深入研究，收集纸张材料进行实验，分析不同纸张的耐久性，从而对使用这些纸张制成的档案材料提出保护意见。

从造纸原料方面看，云南各民族使用的原料有竹、构树皮、荛花、狼毒四大类。其中构树皮和竹是常见的造纸原料，全国很多地方都在使用。而在云南极具特色的造纸原料是荛花和狼毒，这两种原料自身具有一定的毒性，用其制作的纸张具有天然的防虫性。久负盛名的东巴纸就是以荛花为原料制成，该纸在自然条件下可保存上百年，也很少出现虫蛀现象。对植物原料进行研究，可以更好地了解古代人们如何选择造纸材料，如何利用原料自身特性制造出能长期保存的纸张；同时对现代的造纸原料改进也具有积极的意义，尤其是在制作专门的档案用纸时，如果能加入一些天然原料，从而改进纸张耐久性，将更符合纸张保存的需要，也有利于缓解因添加化学试剂而造成的环境污染，一举两得。

从制造工艺方面看，云南地区的造纸工艺有浇纸法和抄纸法两种，每种方法都需要十多道工序才能完成，每一道工序都会对所造纸张的耐久性有一定影响，如蒸煮原料的时间长短、温度高低，会影响纸张的耐折度。另外，对于云南地区的"纸药"研究，还没有专家或学者涉及。本书对纸药的两大作用进行了初步分析，一是在制作纸浆的过程中，使细小植物纤维润滑以便更均匀地结合成纸；二是在使用抄纸法时，必须要加入纸药，才能使每一张湿纸顺利分开，避免粘连在一起。云南地区常用的纸药是仙人掌和沙松树根，有文献记录提出，荛花也是一种纸药，所以荛花在造纸的过程中是否充当了原料和纸药的双重角色，还需要通过试验再进一步验证。

最后，对实际采集的手工纸张样品进行了电子显微镜拍照，观察其纤维结构；另外用专业设备对纸张的定量、耐折度、撕裂度、抗张强度等四个指标进行检测，对各种手工纸张的耐久性做进一步分析，并结合云南各机构的实际保存情况，对省内各类少数民族纸质历史档案、书籍等提出保护意见；并能对各民族地区的手工纸张制作工艺提出改进建议，改良各类手工纸张的耐久性，使该类纸张能更好地用于记录档案，及更好地用于现存破损档案的修复。

1.4.2　研究方法

本书使用的研究方法主要有三种，即文献综述、实地调查和试验分析。

1．文献综述

查阅的文献资料种类丰富，将社会科学和自然科学相结合。档案学类资料，包括彝族、纳西族、傣族、白族、藏族等少数民族的档案保存现状、现代档案保护技术、现代档案修护技术、档案保护技术人才培养等；民族学、社会学、人类学资料，主要关注彝族、纳西族、傣族、白族、藏族等民族的习俗、生活文化、民族文化的传承和记载方式，及手工艺发展的历史和现存情况等，其中特别重要的是学习田野调查的方法，从田野中真实客观地得到第一手资料；材料学、植物学、物理学、化学资料，用于综合分析造纸原料、造纸工艺对纸张耐久性的影响，并对当前取得的纸张材料进行试验分析，研究其耐久性，为手工纸载体档案的保护和修复提出建议。

2．实地调查

实地调查分为两个部分，第一是走访有关机构，了解纸张载体档案的保存现状；第二是到十余个不同的手工造纸乡村，实地考察各地造纸情况，并带回各地所造的手工纸样品，用于试验分析。

（1）2010—2011年，走访的有关机构有：云南省档案局（馆）、昆明市档案局（馆）、昆明市盘龙区档案局（馆）、云南大学档案馆、昆明理工大学档案馆、昆明学院档案馆、云南省图书馆、云南大学图书馆、大理市档案局（馆）、大理州博物馆、大理州文物管理所、丽江市档案局（馆）、丽江市博物馆、丽江东巴文化研究院、迪庆州档案局（管）、迪庆州藏学研究所、迪庆州图书馆等。在调查过程中，得到各界人士的热心帮助和指导，了解到目前各个机构的纸张载体档案和图书资料的保存情况、保护措施、投放的杀虫药物及使用的恒温恒湿设备，及破损纸质档案修护装裱情况等。

（2）2010—2011年，先后分四次探访云南省各市州乡村，实地考察十余个村落的手工造纸情况，由于有的地区目前已经停止造纸活动，所以文中仅整理出十个地区的具体造纸过程。在调查过程中，得到社会各界的支持和各族同胞的热情欢迎，他们对各地区不同的手工造纸过程充满兴趣，对手工纸张的发展和改良喜忧参半，喜的是科技发展，政策支持，大家能用上新型造纸工具，建起新的造纸作坊，有的纸张还能通过网络销售等；忧的是造纸技术后继无人，纸张质量提高困难，生态环境污染问题等。所以本书的关注和调查为他们所喜，他们盼望得到纸张的分析结果，用于改进生产，造出性能更优良的纸张，也希望能有更多机会和其他地区的造纸工们交流合作。本书实地考察的手工造纸地区有十处，如表1.1所示：

表1.1 实地考察云南地区手工造纸地点汇总表

地点	民族	纸张名称	纸张用途
楚雄州禄丰县恐龙山镇九渡村	彝族	竹纸、草纸	书写彝文经书、祭祀
文山州广南县坝美镇者卡村	壮族	竹纸、草纸	祭祀、做爆竹
丽江大具乡肯配古村	纳西族	东巴纸	书写东巴经书

续表

地点	民族	纸张名称	纸张用途
迪庆州香格里拉市三坝纳西族乡白地村	纳西族	东巴纸	书写东巴经书
迪庆州香格里拉市尼西乡枪朵村	藏族	藏纸	书写藏文经书、文书
西双版纳州勐海县勐混镇曼召村	傣族	白棉纸，构皮纸	书写傣文经书
临沧耿马傣族佤族自治县孟定镇芒团村	傣族	白棉纸、构皮纸	书写傣文经书
大理白族自治州鹤庆县松桂镇龙珠村	汉族、白族	白棉纸、构皮纸	书写、祭祀、包装纸
保山腾冲市界头乡新庄	汉族	白棉纸、构皮纸	书写、祭祀、包装纸
曲靖罗平县板桥镇募补村	汉族	白棉纸、构皮纸	书写、祭祀、包装纸

3．试验分析

本书的试验主要由两部分组成。第一部分，用电子显微镜观察纸张样品的纤维分布及结合状态，提供设备和技术支持的是云南大学古生物学实验室；第二部分，选用16种纸张样品，将其进行定量、耐折度、撕裂度、抗张强度四项指标的测试，揭示纸张耐久性，提供设备和技术支持的是云南出入境检验检疫局技术中心纸张实验室，所有纸张样品在试验前，均经过48小时以上的恒温恒湿处理，试验过程中，实验室的温度恒定为23℃，相对湿度恒定为50%。本书进行的试验，均严格按照国家有关标准进行采样分析。

（1）拍摄电子显微图。使用的设备为：Nikon Smz1000电子显微镜及IBM电脑设备，该显微镜最大倍数为8倍，1像素=0.38微米（精致）或0.13微米（快速），其光学像素分辨率，物镜为1倍，中间倍率5.6倍；除使用8的最大倍数外，还使用4的倍数，1像素=0.77微米（精致）或0.26微米（快速），其光学像素分辨率，物镜为1倍，中间倍率2.8倍。拍摄带回的纸张样品及原料样品约19种，每种纸张或原料一般随机选择5个左右的部位进行拍摄，拍摄部位包括中间较均匀的部分，边缘较薄的部分，及撕裂后的边缘等。电子显微图主要用于观察纸张的纤维结构。

（2）定量测试。使用设备为：纸张定量取样器，YQ-Z-45型，1991年四川长江造纸仪器厂生产；电子天平，该种电子天平非常灵敏，其特殊之处是四周都有活动玻璃框包围，测量时应将玻璃框拉好，保持空气流动的稳定性，才能测出准确结果。试验方法为，每一种样品，先用取样器取得十个呈圆形的纸样，每个样本的单位面积为100平方厘米，取好后用电子天平称重，记录出十个数据，最后计算出平均值，并将计量单位换算为平方米，得到的结果即显示该种纸张每平方米上分布的重量是多少克，单位表示为：g/m^2（克／米^2）。取样操作时需注意，操作取样机要快速，否则得到的样品边缘会有毛边，不利于测量重量，如果取到有毛边的样品，要将其挑出去掉，重新取到边缘光滑的样品方可使用。实验标准参考：中华人民共和国国家标准《纸和纸板定量的测定法》（GB/T451.2—2002）。

图1.1　纸张定量取样

图1.2　纸张定量测量

（3）耐折度测试。使用设备为：MIT耐折度测定仪，YQ-Z-31型，四川省长江造纸仪器厂生产。每一种纸张，先用专业裁纸机器选取不少于10个样品，样品大小为：90毫米×15毫米，可以多取几个样品，在试验之前用于测试机器是否正常运转。在进行实际操作时，要注意给纸张施加1千克力的拉力，1千克力=9.8牛，目的是使各种样品受力标准一致，而且接受拉力后的纸张能更方便测试，如果纸张没有一定的拉力，机器无法运转。由于纸张材料有限，我们只测试纸张横向耐折度，没有测纵向耐折度。在实际试验过程中，发现竹纸极易拉断，无法承受拉力，无法进行测试，所以没有得到数据结果；另外构树皮纸只能承受0.5千克力，即4.9牛，且其中只有西双版纳、临沧和大理三个地方的纸张能够正常进行测试，故其他纸张无法测试。试验中每一种纸张样品取十个测试数据，最后得出的平均值，即是结果，单位用"次"表示。实验标准参考：中华人民共和国国家标准《纸和纸板耐折度的测定》（GB/457—2008）。

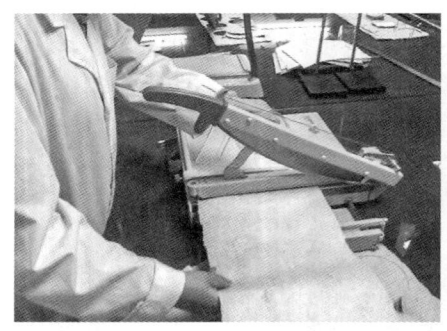 

图1.3　测试撕裂度纸张取样　　　　图1.4　纸张撕裂度测量

（4）撕裂度测试。使用设备为：纸张撕裂度仪，YQ-Z-20型，四川省长江造纸仪器厂生产。由于纸张样品有限，只测试纸张纵向撕裂度，没有测试横向撕裂度。进行一次测试时，严格按照1张、2张、4张、8张、16张的规律放入纸张，比较厚的纸放的数量少，比较薄的纸放的数量多，所以取样时要多取一些，开始实验时也要先测试两三次，确定机器设备正常运转后，再正式开始进行。实验用纸规格为：76毫米×63毫米，每种样品测试得到10个数据后，先算出平均值，然后用16除以每一次测试使用的纸张数量，最后将两个数量相乘，即得到结果，单位为：CN（力牛）。试验时需要注意，测试同一种纸张，选择的张数标准一定要统一，才能得出正确的结果。实验标准参考：中华人民共和国国家标准《纸和纸板撕裂度的测定》（GB/T455—2002）。

图 1.5　测试耐折度纸张取样　　　　图 1.6　纸张耐折度测量

（5）抗张强度测试。使用设备为DY30万能材料试验机，英国生产，由计算机系统控制，只需要将纸张样品放入测试口拉直固定好，按相应的控制键，即可得出数据，该组数据也是每一种样品取10个值，然后计算出平均数，用平均数除以纸张样品宽度，即得到测试结果，单位为：kN/m（千牛／米）。实验标准参考：中华人民共和国国家标准《纸和纸抗张强度测定》（GB/T12914—2008）。由于纸张数量有限，抗张强度只测试了横向，没有测试纵向。

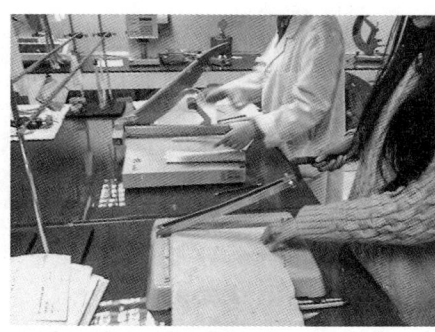 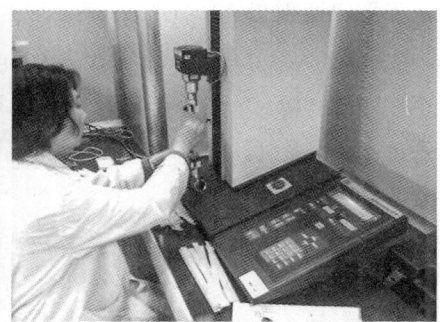

图 1.7　测试抗张强度纸张取样　　　图 1.8　纸张抗张强度测量

本次试验得到大量的第一手数据材料，笔者实际参与使用各种仪器设备，对于更加全面了解纸张载体具有积极的作用。

1.4.3　创新之处

（1）全面的综合性考察。在档案学领域中，以往的研究涉及各个少数民族的各类档案载体，有金石档案、贝叶档案等，但是全面细致地研究纸张这一种载体，特别是云南地区手工纸载体材料的还未见。本书对这类档案载体材料进行了综合考察。

（2）开展田野调查。在档案保护学视野下，尝试结合田野调查的方法，笔者赴云南纳西族、白族、傣族、彝族和藏族聚居地区开展实地调查研究，不仅了解到各地有关机构的档案保护情况，也熟悉了各族群众的生活文化习俗，查看他们保存在家中的各种档案文书材料，学习民间的保护方法，对于借鉴多学科的方法丰富档案保护知识有积极作用。

（3）广泛借鉴和引进其他学科的研究成果。以档案保护学的理论为基础，本书的研究还涉及物理学、化学、材料学、植物学的研究成果，用于分析造纸原料及纸张产品的性能；另外参考民族学、人类学、社会学的研究方法，开拓了研究视野；最后结合云南的实际情况，引进档案保护、文物保护、文献保护、古籍保护中的新技术、新理论，有针对性地应用于手工纸材料档案载体的保护研究。

（4）第一次对云南手工纸进行试验分析。对现在能取得的约16种手工纸，进行电子显微镜图的拍摄，和测试其定量、耐折度、撕裂度、抗张强度等四项指标，能够更深入地了解手工纸的耐久性。

同时，本书存在以下局限和有待深入研究之处：

（1）由于纸质历史档案极其珍贵，因此无法使用古代手工制作的纸张进行取样分析，所以选择使用现代手工制作的纸张进行试验分析，导致研究具有一定局限性，其结果难免存在一定偏差。

（2）由于受客观条件限制，本书的试验分析只涉及5个方面，对纸张性能的分析测试还有其他很多项目，有待进一步深入探索。

（3）由于造纸原料自身的性能对于纸张耐久性会造成影响，且纸药的具体作用还存在一定争议，所以造纸原料和纸药的化学成分分析和物理性能测试还需要结合相关学科进一步深入研究。

（4）由于各类手工纸在民间的称谓多种多样，没有可靠的统一标准，命名也无规律可循，因此本书在写作过程中，采用的纸张名称力求突出造纸原料特征，同时兼顾造纸地区的民族特色，所以存在对各类纸张命名标准不统一的情况。如何规范各类纸张名称，还需要进一步商榷。

第2章 云南竹纸档案耐久性研究

2.1 云南竹纸档案概况

竹纸，在云南地区又称为"土纸"或"草纸"，用这种纸张材料书写、记录的文书、古籍或印刷品，可称为竹纸档案，即竹纸是这种档案材料的载体。云南竹纸档案的主要构成是彝族历史档案，研究竹纸的耐久性，将有利于更好地保护这些历史档案。

彝族历史档案，大部分是流传下来的彝文经书，主要用于记录彝族日常生活中的各种民俗活动、仪式。彝族古彝文经书的制作、抄写、用料、装帧、保存等有一系列学问，一般用构树皮纸或竹纸（民间又称为土纸或草纸）抄写，折页双面抄文，左侧直行装订，装订线用绵纸线或麻线；书装订好后，封底至书脊缝缀比书稍长的麻布或麂子皮一块，做包装护封，布尾处折口，将一根粗若筷子大小的竹签缝包于折口，折口竹签正中缝缀一根麻线，以便将经书卷成筒状保存时作固定包扎的棍、绳。所有经书形状一般呈横长状，但尺寸大小依经书使用场合、类别不同而有别；经书一律卷筒裹装、保存。[①]

实地调查发现，中华人民共和国成立前，楚雄九渡村村民都用本村中生产的竹纸作为主要书写材料；后来受"文化大革命"影响，村民们烧毁了绝大部分竹纸档案。2010年出版的李国文所著《云南少数民族古籍文献调查与研究》一书中所载，昂自明撰写的《昆明市彝文古籍——昆明地区彝族彝文古籍文献流传、保存情况综合报告》一文中有资料显示，昆明市所辖石林县海宜村毕摩金玉明家保存的彝文历史档案中，就有用竹纸载体书写的。金玉明是彝族撒尼人，1988年成为当地毕摩，除

---

① 普开福：《玉溪市彝文古籍》，民族出版社2010年版，第251页。

了能主持各种民俗礼仪祭祀活动外，他还会用彝汉两种语言演说，并能用彝文和汉文两种文字书写经书，他目前保存的彝文经籍，主要传承自他的父亲。其中的竹纸载体经书有：

（1）《开启阴门经》，不分卷，1册，34页；佚名撰；彝族丧葬仪式经书；旧抄本；土纸（即竹纸），线订册页装，行体，墨书；页面21厘米×17厘米，墨框19厘米×14厘米，有竖格，18行20字；白口，无护封，字面完好。

（2）《巡游眺望经》，不分卷，1册，36页；佚名撰；彝族丧葬仪式经书；旧抄本；土纸（即竹纸），线订册页装，行体，墨书；页面21厘米×17厘米，墨框19厘米×14厘米，有竖格，18行20字；白口，无护封，字面完好。

（3）《返魂经》，不分卷，1册，18页；佚名撰；彝族丧葬仪式经书；旧抄本；土纸（即竹纸），线订册页装，行体，墨书；页面21厘米×17厘米，墨框19厘米×14厘米，有竖格，18行20字；白口，无护封，字面完好。

（4）《挽留鲁神》，不分卷，1册，14页；佚名撰；彝族丧葬仪式经书；旧抄本；土纸（即竹纸），线订册页装，行体，墨书；页面26厘米×20厘米，墨框22厘米×17厘米，有边框，20行26字；白口，无护封，字面基本完好。

（5）《女儿献祭牲》，不分卷，1册，19页；佚名撰；彝族丧葬仪式经书；旧抄本；草纸（可能是竹纸），线订册页装，行体，墨书；页面16厘米×12厘米，墨框14厘米×10厘米，无边框，11行20字；白口，无护封，字面有少许漫漶。

（6）《除尽钵邪》，不分卷，1册，25页；佚名撰；彝族丧葬仪式经书；旧抄本；土纸（即竹纸），线订册页装，行体，墨书；页面26厘米×22厘米，墨框23厘米×19厘米，无边框，20行24字；白口，无护封，边角有破损，字面有少许漫漶。

（7）《赎迎生魂》，不分卷，1册，22页；佚名撰；彝族丧葬仪式经书；旧抄本；土纸（即竹纸），线订册页装，行体，墨书；页面20厘米×16厘米，墨框18厘米×13厘米，无边框，16行20字；白口，有麻布护封，字面基本保存完好。

（8）《制作灵牌》，不分卷，1册，30页；佚名撰；彝族丧葬仪式经书；旧抄本；土纸（即竹纸），线订册页装，行体，墨书；页面11厘米×8厘米，墨框9厘米×6厘米，无边框，9行9字；白口，无护封，边角有破损，字面基本保存完好。①

另外石林县月湖村毕摩张凤兴家也保存有竹纸经书，张凤兴是当地有名的毕摩，他出生于毕摩世家，精通彝文，会说汉语，但不会书写汉字。他家保存有大量彝文经书，其中竹纸质地的有：

（1）《亡魂起身》，不分卷，1册，34页；佚名撰；彝族丧葬仪式经书；旧抄本；土纸（即竹纸），线订册页装，行体，墨书；页面21厘米×17厘米，墨框19厘米×14厘米，有竖格，18行20字；白口，无护封，字面完好。

（2）《指路经》，不分卷，1册，36页；佚名撰；彝族丧葬仪式经书；旧抄本；土纸（即竹纸），线订册页装，行体，墨书；页面21厘米×17厘米，墨框19厘米×14厘米，有竖格，18行20字；白口，无护封，字面完好。

（3）《生魂返回经》，不分卷，1册，18页；佚名撰；彝族丧葬仪式经书；旧抄本；土纸（即竹纸），线订册页装，行体，墨书；页面21厘米×17厘米，墨框19厘米×14厘米，有竖格，18行20字；白口，无护封，字面完好。②

此外，彝族还大量使用构树皮纸，即白绵纸书写档案。彝族具体用了多少种纸张材料作为档案载体，还无从考证；查阅以往的很多文献资料，发现在论述彝族历史档案或文献资料时，并没有特定地指出其档案载体是何种材料制成，这一问题应该引起各界学者重视，以便在将来的考察过程中，更加注意记录被使用过的每一种档案载体材料。

上文中提到的以"土纸"或"草纸"为称呼的纸张材料，基本上

---

① 昂自明：《昆明市彝文古籍》，见《云南少数民族古籍文献调查与研究》，民族出版社2010年版，第170-173页。

② 昂自明：《昆明市彝文古籍》，见《云南少数民族古籍文献调查与研究》，民族出版社2010年版，第185页。

可以归纳为竹纸，原因有二：一是根据实地调查情况，发现在语言称呼上，几种叫法通用；二是国内其他地方制造的竹纸，也称为土纸或草纸。根据可查资料显示，土纸可以确定就是竹纸，因为其使用的原料都是嫩竹；而草纸可以用稻草、麦草等原料制造，所以要根据实际情况来区分是否是竹纸。

关于"土纸"可确定为是"竹纸"的有关记录有：江西省大余县生产的"大余土纸"，其原料就是嫩竹，当地人也称为"笋"。李香梅《大余土纸及其生产工艺》提道：立夏前后1至2天为砍笋最佳期，然后削笋：将砍下的竹笋，分段进行集中，然后裁截成5尺（1尺≈33.33厘米）左右长度的笋筒，削去表皮，剖成二指宽的笋片，打掉内节，用篾丝捆扎成把，挑运到笋坞边待腌。①其中说到"分段处理""裁截成5尺左右长度""打掉内节"等步骤，可看出这里提到的"笋"并非云南群众日常所说用来吃的"笋"，应该是嫩竹。黄阶彬《大山里三代人的土纸情结》一文中，也记录到立夏时节正是劈笋的最佳时节，错过这一时节，等竹笋都长出了叶子，一年的土纸制造原料便成泡影。吃过早饭，李子桥（造纸人）一家便攀上村后的自家竹林，挑选那些顶叶刚变硬的粗大的嫩竹笋砍下，然后根据自己"料槽"的宽度劈成一段一段的，用弯刀刨去表面青皮，破开成片。②可见土纸的制作原料是还没有长出叶子的嫩竹。祝日耀《竹料加工土纸——变废为宝》一文中也提到，江山市廿八都镇岭头村坐落在浙闽交界，岭头村毛竹资源十分丰富，有毛竹山2 000多亩（1亩约666.67平方米），村民把竹料加工成土纸，变废为宝。③此处也说土纸原料是竹，也就是本书所称的竹纸原料。《辞海》一书也用竹纸印刷过，《辞海》系中华书局1936年在上海出版，因资金等原因发行困难，所以先发售上册，待1937年印制下册时，遇抗日战争爆发，便停滞未发行下册。后有关人士首先看中了江西盛产竹浆土纸，有丰富造纸资源，而且纸质优良，在全国首屈一指，即派业务人员专程到江西，与

---

① 李香梅：《大余土纸及其生产工艺》，载《中国土特产》，1996年第4期。
② 黄阶彬：《大山里三代人的土纸情结》，载《源流》，2007年第10期。
③ 祝日耀：《竹料加工土纸——变废为宝》，载《新农村》，1999年第6期。

当时江西省最大印刷厂——新记合群印刷公司签订业务协议，委托承印《辞海》。赣版《辞海》经合群公司的努力、中华书局的支持，于1944年出版。它的尺寸相当于今天的32开，上下册厚实，内文全系用肉色土纸精印，虽为中文小字，却字字清晰，不亚于今天机制纸的印刷效果。[①] 此处说到的"竹浆土纸"，足以说明土纸原料是竹，可称为竹纸。

关于"草纸"的记录资料并不多，张大山《草纸的简易加工技术》一文中提及："草纸是一种日常生活中应用十分广泛的低档纸张，可以用来包装食品、加工花炮，应用最多的是作为卫生便纸（俗称草纸）。稻草、麦草、嫩毛竹均可做原料。"[②] 可见草纸的制造原料也是竹子，但是因为夹杂使用其他材料，所以在确定草纸类档案载体材料的具体成分时，要注意加以区别。

综合上述材料可知，竹纸确实作为一种档案载体材料存在，彝族地区所存的"土纸"档案，可以归纳为"竹纸"档案进行研究，分析这种纸张的耐久性，对保护这种档案载体材料能发挥积极的作用。

[①] 喻建章：《抗战艰苦时期赣版土纸本〈辞海〉印制经过》，载《出版史料》，2008年第1期。

[②] 张大山：《草纸的简易加工技术》，载《生意通》，2010年第12期。

2.2 云南竹纸制造地区实地调查

云南地区制造竹纸的地方众多，本书实地调查受人力、物力与各地区交通条件的制约，笔者只调查到两个地点的手工竹纸制作情况，其一是楚雄州禄丰县恐龙山镇九渡村，其二是文山州广南县坝美镇者卡村。他们所造的竹纸外观呈深黄色，质地粗糙，拿起来抖动时有少许灰粉状物掉落，当地群众又称竹纸为"草纸"或"土纸"。

2.2.1 楚雄竹纸

根据文献资料记载，楚雄州禄丰县恐龙山镇九渡村彝族曾经制造过手工竹纸。恐龙山镇原名为川街乡，2010年2月1日起正式更名。恐龙山镇位于禄丰县南部，该地交通便利，距禄丰县城34千米，距州府楚雄74千米，距省会昆明81千米。经过实地考察证实，从昆明出发到九渡村交通十分方便，汽车可直接开进村里。但是，也正是因为交通便利，村里大部分的年轻人都选择外出打工，手工造纸活动在村里已经销声匿迹，没有传承下去。

恐龙山镇总面积230.5平方千米，共有9个村委会，101个自然村，130个村民小组，2009年末，全镇共有4 864户，总人口18 786人，其中农业人口占全镇总人口的90%。全镇居住着彝族、苗族、哈尼族、回族、白族、瑶族、傈僳族、藏族等8个少数民族，彝族和苗族人口最多。本书调查的造纸人家为彝族。该镇地处低热河谷，气候炎热干燥，光照充足，全镇有林地面积159 972亩（1亩约666.67平方米），森林覆盖率达50.9%；全镇水利化程度达75%，星宿江和川街河纵横交错，沿江、沿河坝区的部分村组水资源丰富。[①]该地的气候条件为造纸植物的生长提供了绝佳的条件，还有丰富的水资源，也是开展造纸活动的必备条件。该镇所辖九渡村，有

---

① 云南数字乡村网 http：//www.ynszxc.gov.cn/szxc/model/ShowDocument.aspx？ Did=657
&DepartmentId=657&id=2792099

制作手工竹纸的历史，李晓岑、朱霞著的《云南少数民族手工造纸》一书中，记载有九渡村20世纪90年代制作手工竹纸的情况。2005年出版，由杨建昆主编的《云南民族手工造纸地图》一书中，也记载有九渡村彝族手工制造竹纸的情况。且该地不仅仅有九渡一个造纸村，邻近的还有小栗树村、李珍庄等汉族村（传说这些汉族村的居民在数百年前从大理迁来）也有很长的制造竹纸的历史。[①]费孝通和张之毅著的《云南三村》中也记载有在李珍庄的调查，写成《易村手工业》录于书中，《易村手工业》中共用三章的篇幅，详细介绍该村于1939年左右手工纸作坊的组织形式，手工纸的制造和运销，及纸坊的经营和造纸经济效益。

本书调查地为九渡村，该村位于恐龙山镇西边，距离镇政府所在地15千米，距县城45千米，进村的路中有一段为土路，下雨以后道路坑坑洼洼，但是汽车可以通过，也算是方便。笔者2010年5月赴九渡村实地调查，那里气候适宜，沿着南盘江支流星宿江边的道路进入村子，江水边长满茂密的竹子，形成绵延数千米的竹林，风景迷人，同时也为当地彝族人民制作手工竹纸提供着上佳的原料资源。但是很遗憾，到达九渡村中笔者发现，已经没有人从事手工造纸，只能从年长的村民口中采访以前的造纸情况。

2.2.1.1　楚雄竹纸原料

九渡村年老的造纸工匠介绍说，当地造纸用的竹子有两种，他们称作钓鱼慈和箭竹。钓鱼慈学名为"N.affinis（Rendle）Keng f."，又称慈竹、甜慈、酒米慈、吊竹和丛竹；科属为禾本科慈属。其主干高5～10米，顶端细长，弧形，弯曲下垂如钓丝状，粗3～6厘米；节间长达60厘米，贴生长2毫米的灰褐色脱落性小刺毛，箨环明显，在秆基数节者其上下各有宽5～8毫米的一圈紧贴白色绒毛。丝鞘革质，背部密集贴生棕黑色刺毛，先端稍呈山字形；箨耳不明显，狭小，呈皱折状，鞘口具长12毫米细毛；箨舌高4～5毫米，中央凸起成弓形，边缘具流苏状纤毛；箨叶直立或外翻，披针形，先端渐尖，基部收缩成圆形，腹面密被白色小

[①] 李晓岑，朱霞：《云南少数民族手工造纸》，云南美术出版社1999年版，第31页。

刺毛，背面之中部亦疏生小刺毛。分布于四川、贵州、云南、广西、湖南、湖北西部、陕西南部及甘肃等地，生长于平地及低丘。秆材可编织竹器及建筑用材、造纸。①箭竹，学名为"Fargesia spathacea Franch"，科属为禾本科箭竹属，其秆为小型，少数为中型，粗可达5厘米；秆挺直，壁光滑，故又称滑竹。箭竹生于海拔2 000～3 500米的山地林中，在林缘地带，混生于山地针叶林或针阔混交林破坏层形成的次生灌丛中，有时箭竹能大面积地成片生长，其壁厚，节隆起，每节具多枝。箨鞘厚纸质，绿或紫红色，背面常密被暗棕色直立刺毛，云南箭竹属种类在40种以上。主要分布于滇南和滇东海拔2 500～4 000米的高山和中山地带，但少数种类也见于滇中高原乃至南部热区。在四川地区，箭竹是大熊猫的主要食物之一。箭竹竹材厚实，是制作笔杆、筷子、帐杆及编制筐篮棚架等的材料。生长于滇西北丽江、中甸等地针叶林下的箭竹，其小枝及叶柄长有虫瘿，是提取竹红菌素的主要原料。九渡村在制造竹纸时，就地取材，在村子附近砍伐当年生慈竹或箭竹，挑选嫩枝为原料。当地村民以户为单位，各自划分区域管理竹林（见图2.1），砍伐的同时也要保留一部分新竹，或者自行种植一些新竹，使整个竹林保持一定的生态平衡，避免竹林资源枯竭。现在九渡村中已经无人造纸，但他们也砍伐竹子，用于出售竹竿，有时候挖掘竹笋到集市上销售，所以保护竹林的传统一直延续下来。张之毅所著的《易村手工业》中也有记载，易村制作竹纸的原料是嫩竹，他们砍嫩竹的时间，在阴历十一月到次年正月间。他们不把嫩竹全砍完，得留一部分到次年夏季发嫩竹。②易村也培育和种植新竹，一般是每年夏季的阴历五月间，把培育的新竹移植到江边。可见，这两个村在使用竹原料和保护竹林的可持续发展方面采取的措施大致一样。他们都使用嫩竹，嫩竹从夏季长到冬季，一般可以长得很粗，很高大，几乎和老竹一样粗壮，这样可以保证造纸原料的质量是上乘的。由于接受采访的老人年事已高，他不能确定地指出是在什么季节采集竹子，但李晓岑、朱霞著的《云南少数民族手工造纸》一书中

---

① 数字中国网 http：//www.china001.com/show_hdr.php？ xname=PPDDMV0&dname=72F3I51&xpos=10
② 费孝通，张之毅：《云南三村》，社会科学文献出版社2006年版，第283页。

有记录，九渡村是在每年的夏季采集原料，这点和易村颇有不同，但都是采集嫩竹。同样，庄孝泉主编、孙学君编著的《富阳竹纸制作技艺》一书中在介绍浙江富阳竹纸的原料时，也提到采集竹子是在夏季，书中记录制作竹纸的原料必须是当年生的嫩毛竹，砍竹的时间以农历小满前后半个月为佳，因为毛竹在小满前后成材，用此时的嫩竹做纸，质量上乘。[①]小满为二十四节气之一，是夏季的第二个节气，时间在每年公历5月20日至5月22日之间，太阳达到黄经60度时为小满，其含义是夏季的籽粒开始灌浆饱满，但还没有成熟，只是小满，还未大满。《月令七十二候集解》中记载："四月中，小满者，物致于此小得盈满。"此处说的四月应该是阴历四月，转换到公历应该就是5月或者6月。此时气候湿润，雨水丰沛，自然界的植物都比较丰满和茂盛，可见九渡村在此时取材造纸，有一定的科学性。

图2.1　九渡村竹林

2.2.1.2　楚雄竹纸制造工艺

楚雄州禄丰县恐龙山镇九渡村中从事手工造纸活动的主要是彝族。本书记录的造纸工艺流程、工具设备形制都来源于当地彝族造纸老工匠的描述，现在还能在村中见到一些废弃的造纸设备，部分村民家中也有

---

① 庄孝泉，孙学：《富阳竹纸制作技艺》，浙江摄影出版社2009年版，第44页。

一些小型造纸工具,但是已经无法演示完整的造纸工艺流程。接受采访的造纸工匠,同时也是当地一位普通村民,是一户人家中年长的男主人。他回忆,16岁时他就开始和父辈一起造纸,造纸工艺是家里祖辈传下来的,但是他不清楚祖辈是什么时间从什么地方学到这门手艺的。他的子女也都会造纸,但是现在原料采集难,成本高,造出的纸销路也不好,所以村子里已经有四五年没人造纸了,年轻人也都不再想学造纸,只想外出打工。老工匠还说,他小时候,村里人都用自己造的竹纸书写、记录,但是现在很多写过字的纸都当作引火的材料被烧毁殆尽(比如做饭等需要生火),现在村中已经无法找到有关竹纸书写的记录。

根据彝族造纸老工匠的描述,当地彝族制作竹纸的工艺流程为:采集原材料—浸泡原料—发酵原料—洗涤—碾料—制浆—抄纸—榨水—揭纸—干燥。

(1)采集原材料。在村子附近的竹林采集当年生嫩竹为原料,取竹竿部位砍下,砍下的竹竿再分别砍成几小段,每一段削成细竹片,晒干备用。采集时注意保留一定数量的嫩竹,不能全部砍光,使竹林能维持可持续发展状态,便于为以后的生产提供原料。当地人各家各户分管一小片竹林,有时候还自发地种植一些竹子,以保证自己的造纸生产需要。李晓岑、朱霞1996年5月和1998年2月两次到九渡村调查,当时还有8户人家在造纸,他们了解到的情况更详细:砍竹,每年夏季,把生长1年的嫩竹砍下来,砍成一片一片的,堆放在地上,约1个月后竹料被晒干,然后捆成一小捆一小捆的。[①]他们的做法和富阳竹纸的制作方法非常类似,将竹片捆好,可以方便在后续的加工过程中取用竹片,提高生产效率。

(2)浸泡原料。竹片晒干以后,从河中取水浸泡竹片,泡时加入石灰,泡三四个月以后可以进行下一步操作。

(3)发酵原料。泡好以后的竹片先用清水洗净,然后露天发酵,上面可以盖一点草,老工匠说这一过程是"发汗",当地方言叫作"捂";发酵过程一般持续20天到1个月。李晓岑、朱霞在《云南少数民族手工造纸》一书中记录的过程更加详细:小捆的竹料,要放入一个池

---

① 李晓岑,朱霞:《云南少数民族手工造纸》,云南美术出版社1999年版,第32页。

中浸泡，以一层料一层石灰的形式堆放，约浸泡3~4个月，泡好捞起以后，先把石灰冲洗干净，再晒1个月；晒干以后继续用清水浸泡1个月。本书采访的老工匠年事已高，可能遗漏了一些细节。

（4）洗涤。发酵以后再用清水清洗竹片，洗净后更换干净的清水浸泡半个月。

（5）碾料。泡好的潮湿原料可以直接放到石碾上压碎，石碾非常大，一般用牛拉动。人赶着牛，花一天时间碾出的原料，可以供应一天的造纸之用。

（6）制浆。压好的原料，放入大池子中，挑拣出一些杂质，再加入仙人掌泡的水或者"沙老树"的根部泡的水，用力搅拌使原料均匀混合，即制作成为纸浆，可以用于抄纸。"沙老树"可能就是沙松，老工匠不能明确说出树的名字，现在保护生态，政府不允许乱砍树，所以无法再采集树根用来做纸。仙人掌是主要的纸药（关于纸药的论述，请详见本书6.2节），在九渡村的田间地头，随处可见茂盛的仙人掌，就地取材很方便。

（7）抄纸。抄纸用的竹帘从四川购入，一次能抄一张纸，抄好的纸用木头压放榨干水分。抄纸以后用过的废水一般都是直接倒入河里，没有特别的环保处理过程。抄纸过程为，首先把竹帘的左右两边用边柱压紧，然后从前方进水，斜插入水中，平提起，使原料均匀地浮在竹帘上，从而把纸抄出，再拆下边柱，取出纸帘，并把纸倒扣在旁边的木凳上，这一工序最讲究技术，没有受过专门训练则无法操作。

（8）榨水。湿纸堆至2 000张左右时，即在纸台上把湿纸的水榨出，榨时加以钢绳等，纸榨到原高的1/3时即可。[①]

（9）揭纸。榨干水的纸分为一张一张手工揭下来，按顺序放好，揭纸也是一项技术活，全凭个人的手艺和技巧。湿纸拿回家后，用擂纸锤在湿纸的一角用力捶一下，使纸角上翘，并从边角轻轻把纸揭开。[②]揭纸时还使用一种竹刷，用来把揭下来的纸刷平。

（10）干燥。干燥有三种方法，一是用火炕干燥，二是用明火烤干，三是挂在房内自然风干。把揭下来的纸一张一张地刷在火炕上，火

[①②] 李晓，朱霞：《云南少数民族手工造纸》，云南美术出版社1999年版，第33页。

坑中燃烧大火。约2~3分钟，纸被烤干，即可揭下。此时造纸过程完成。①老工匠说雨季时有的纸张会在自然风干的过程中发霉，但是政府不允许再砍树烧柴，所以他们后来只能选择自然风干的方法。

造纸工具：

（1）石碾。石碾半径为1.5米，现已废弃，以前用人赶着牛拉动石碾，碾磨竹料。

（2）纸槽，现在也已经废弃不用，长度为1.6米，宽0.12米，高1.1米。

（3）竹帘，采用活动式竹帘抄纸，最早时造纸工匠自制竹帘，后来从四川购买，竹帘约长70厘米，宽25厘米，抄出的纸张尺寸与竹帘的尺寸大小一样。虽然现在已不造纸，但不少造纸人家还保存着造纸时使用的工具，非常珍惜。

（3）竹刷，竹刷一般由造纸工匠自己制作，原料是针叶松树，俗称"松茅"，用水煮一两个小时再制作，否则会脆，容易断裂。刷子的手柄用竹子制作。竹刷大小不一，没有固定的尺寸，个人可以根据使用的方便而制作。

（4）火墙，长3~4米，高2米，顶部厚40厘米，火坑直径40厘米。②由于造纸活动已经停止很多年，现在火墙早已经被废弃。

图2.2　九渡村石碾

图2.3　九渡村竹帘和竹刷

从砍下竹料到完成全部造纸程序，大约需要8~9个月的时间，这种纸主要作为祭祀时焚烧用的纸钱，就近销往禄丰川街一带，很多彝族和

①② 李晓，朱霞：《云南少数民族手工造纸》，云南美术出版社1999年版，第33页。

汉族购买这种纸。老工匠说，他们在儿时用这种纸来练习写字，有的还用于抄写彝文经书。《易村手工业》一书中的调查显示，在民国时期，这一带小学生的练习本就是用这种竹纸装订制作而成的。《云南少数民族手工造纸》一书中也提到，彝文文献中，确实有相当一部分为竹纸。据研究彝族的学者介绍，其写经用纸一部分来自于禄劝彝族地区，这种禄劝纸在清《滇海虞衡志》中已有记载，可能就是禄劝的转龙、乌蒙一带生产的竹纸；一部分彝文文献用纸则来源于禄丰县，该县九渡彝族村的土法造竹纸业有悠久的历史。① 本书实地调查九渡村的彝族造纸情况，希望能了解其造纸工艺，分析其纸张耐久性，并探究造纸工艺与纸张耐久性的关系如何，从而对使用竹纸书写的彝文历史档案保护提出有价值的意见。

2.2.2　文山竹纸

文山州也有手工造纸活动，主要是制作竹纸，根据文字资料可查，文山州麻栗坡县银厂村公所的瑶族生产竹纸，其村公所所辖的上普浪、坪子、新发等三个瑶族村寨是造纸活动主要集中的地方。文山州西畴县坪寨乡有汉族制作竹纸，马关县南捞乡半坡村有苗族制作竹纸，广南县坝美镇者卡村也有壮族制作竹纸。由于交通不便、人力物力有限，调查时不能走访每一个村寨，本书仅调查了坝美镇者卡村壮族竹纸制作工艺。

广南县位于云南省东南部，文山壮族苗族自治州东北部，东与富宁县相邻，南与西畴县和麻栗坡县相连，西与丘北县和砚山县交界，东北与广西壮族自治区西林县接壤，地处滇、桂、黔三省交界处，衡昆高速公路穿境而过，是通往广西及沿海一带的交通要道。《民国时期社会调查丛编（少数民族卷）》中记载，云南其交通孔道有八，其中一处便是由昆明东西经广南至广西百色，② 可见民国时期，这一带的交通就比较发达。广西百色邻近的广西大化县贡川乡壮族有造构树皮纸的记录，广西凌云县逻楼乡瑶族也有制造竹纸的记录，这几个地区可能存在一些造纸

---

① 李晓岑，朱霞：《云南少数民族手工造纸》，云南美术出版社1999年版，第31页。
② 李文海，夏明芳，黄兴涛：《民国时期社会调查丛编（少数民族卷）》，福建教育出版社2005年版，第5页。

工艺的传播和交流，还有待进一步研究。

广南县最低海拔420米，最高海拔2 035米。县城距文山州府167千米，距省会昆明458千米，海拔高1 240米。2010年年均气温18.4℃，境内居住汉、壮、苗、瑶、彝、回、蒙古、仡佬、傣、白、布依等11个民族。本书调查的造纸村，主要是壮族居住。

2.2.2.1　文山竹纸制造原料

文山州广南县坝美镇者卡村曾制造手工竹纸，者卡村地处山区，海拔高度为934米，年平均气温28℃，面积70.80平方千米。2010年的网络调查数据显示，该村人口为4 985人，共1 036户农户，其中汉族367人，少数民族4 618人，绝大部分为壮族。本书调查的造纸工匠为壮族。在20世纪八九十年代，当地几乎每户都从事造纸活动，到2004年左右，仅有三四户还在造纸。因为年轻人几乎都外出打工赚钱，老人和妇女主要从事农业活动，已经没有人再造纸。当地造纸的原料是村子附近生长的钓鱼慈竹。者卡村和九渡村使用的造纸原料相同，在挑选竹子时，也同样选用嫩竹。者卡村造纸工匠一般在正月元宵节前后采竹子，选择半年生的嫩竹。可以看出，者卡村和易村一样，选择在冬季采竹子，而不同于九渡村和富阳是在夏季采竹子。选择冬季采集应该是因为冬季是农闲季节，造纸工作不影响农业生产活动。调查中发现，罗平的汉族制造构树皮纸，在冬季生产，原因也同样是因为冬季是农闲季节。所以，在不同地区，人们会根据实际情况，调节造纸原材料的采集和加工时间。不同季节采集的原料有何区别，这些细微的差别是否对纸张的耐久性产生影响，将在后续的章节中进一步探究。

另外，文山州麻栗坡县瑶族、西畴县汉族、南捞乡半坡村苗族都有竹纸的制造，其中麻栗坡县瑶族使用的是吊竹，其他地方具体使用何种竹子不详。从地理位置上看，这几个地区彼此相邻，造纸工艺可能在这几个地区都有传播，这几个地区都生长着竹子，也能为造纸活动提供良好的原料。

麻栗坡县造纸用的吊竹，又名单竹，学名为桂单竹（B.guangxiensis Chia et H.L.Fung），属于禾本科簕竹属，竿直立，顶端弯曲下垂，高2～5米；节间长40～60厘米，直径1.5～3厘米，初时密被脱落性的疣基刺毛，后者脱落后，则在竿表面留有小凹痕及乳突状小疣点，竿壁厚2~4毫米；竿环平坦；箨环突起，密被一圈粗硬毛环；分枝多数簇生于各节，彼此粗细相似。箨鞘顶端截形或稍凹陷，先端纸质，背面密被棕色疣基刺毛，毛脱落后，则在箨鞘背面留有小凹痕和乳突状小疣点，边缘无毛；箨耳稍延伸，略粗糙，边缘的燧毛为棕色，细长而波曲，基部粗糙，易折断早落；箨舌极矮，与箨鞘先端等宽，边缘具稀疏、极纤细的纤毛，此毛脱落可渐变为无毛；箨片外翻，易脱落，披针形，基部强烈收窄，呈倒心脏形或圆形，两表面近无毛，唯背面常具明显小横脉。末级小枝具3~8叶；叶鞘长4~7厘米，背面纵肋突起，近顶端多少具脊，被易落的细长毛；叶耳明显，呈镰刀形，边缘继毛长6~8毫米，棕色，细弱，作放射状伸展；叶舌顶端拱曲，全缘或具纤毛；叶柄短；叶片披针形或狭长披针形，长8~16厘米，宽1~1.5厘米，两表面均元毛；在下表面有时可见小横脉。花枝未见。吊竹主要分布于广西兴安县华江区，用途主要为编制竹制器具。

　　李晓岑、朱霞的《云南少数民族手工造纸》一书中记载，距文山州麻栗坡县城60多千米的上普浪、坪子、新发寨等瑶族村寨有竹纸生产，这几个村归属于银厂村公所，银厂一带竹子很丰富，主要有吊竹、花竹、金竹等，这些竹子都比较大，纸工说，其中以吊竹造的纸质量最好。[①]据坪子寨的调查资料显示，他们选择的原材料，是生长期约10个月的嫩竹，时间上与者卡村稍有不同，者卡村选择的是生长约6个月的嫩竹，楚雄九渡、易村、富阳几个地区同样选用嫩竹，可见一般用于造纸的竹原料，都是生长期不超过一年的嫩竹。文山西畴县坪寨，20世纪90年代末有300多户人家造纸，他们用于造纸的竹料，是生长3个月左右的竹子，当地生产吊竹、水晶竹、苦竹、绵竹、大兰竹等，具体使用哪一种竹子造纸不详。

---

① 李晓岑，朱霞：《云南少数民族手工造纸》，云南美术出版社1999年版，第57页。

2.2.2.2 文山竹纸制造工艺

调查发现文山州壮族制作的竹纸，属于一般的草纸，没有漂白和染色，接近淡黄色，偏灰。纸面粗糙，不能用来写字，主要用于造爆竹（土造爆竹）和七月半烧纸钱。当地人说造纸的起源不明确，很早就存在。在人民公社时期，集体造纸，产品由生产队交到土产公司。者卡村主要居民为壮族，20世纪八九十年代，从事造纸的家庭比较多，每家每户基本都造纸。2004年以前，只有三四家不造纸；而现在仅有个别的家庭还在造纸。主要原因是出门打工比造纸赚钱，而造纸费时费力，年轻人不愿做，老人和妇女又没有体力从事。以往的一般情况是，男子长到十六七岁时可以开始参与造纸。造纸的作坊建在河边，是简易的茅草房结构，离村民聚居区大约1 000米，步行约十分钟可到。每一户人家使用一个造纸作坊，七八家连成一处，但目前都已经废弃。

《云南少数民族手工造纸》一书中记载，文山州麻栗坡县银厂村公所坪子寨的瑶族也曾经制造竹纸，其工艺与者卡村稍有不同；文山州西畴县坪寨也有汉族制作竹纸的记录，笔者于2011年7月到达西畴开展调研，但由于通往坪寨的道路在修理施工，无法到达，只能从文字资料上了解竹纸制作的流程。下文中将主要介绍者卡村壮族的竹纸制作工艺，同时与瑶族和汉族的竹纸制作工艺进行比较。

者卡村壮族竹纸制作工艺流程为：采集原材料—浸泡原料—发酵原料—洗涤—舂料—制浆—抄纸—榨水—揭纸—干燥。

（1）采集原材料。正月元宵节前后采竹子，选择半年生嫩竹，将竹子剖成一指宽的片条，再截成1.5米左右的段，然后铺在阳光下晒干，晒十几天。坪子寨瑶族选择生长期约10个月的嫩竹，砍成1米长的竹片，然后捆起来，约20~40片一捆。瑶族捆竹片是为方便下一步的浸泡工序，但没有晒干这个步骤。

（2）浸泡原料。平地挖坑，长宽约两米，深一米多，大小不等；用石灰膏加黄泥和水混合搅拌后涂抹于四壁，加固及防止漏水。将晒干的竹片分层整齐堆放在坑中，每层一尺厚，每层加石灰盖严实，最上面一层也要加盖，100千克竹片约使用30千克石灰粉。最后，上面用石块压住，不让竹片浮起来。这样加水浸泡一两个月后清洗。壮族和瑶族虽然都使用石灰泡原料,但不同的是瑶族一般从十月开始泡原料到次年的二三月份,共浸泡5~6个月,比壮族浸泡的时间长;而且瑶族在浸泡过程中间要翻一次原料,从而使原料能浸泡得更均匀,壮族则不翻。汉族也是用石灰浸泡竹料,一层石灰一层料,每一百千克竹料用10千克石灰,浸泡半年;他们用的石灰量没有壮族那么多,但是浸泡的时间更长。

(3)发酵原料。在坑中浸泡1~2个月后,捞出竹片洗干净,然后再放回坑中,不加水,在坑里用稻草压实焖1~2个星期。此处瑶族也有不同的处理方法,他们将竹料泡到发黄以后从池中取出,洗去石灰,还要再用清水泡2~3个月;瑶族没有"焖"这个过程。从处理原料的过程看,瑶族比壮族要多花6~7个月的时间。汉族也有发酵过程,把泡好的竹料堆起来用草或则芭蕉叶覆盖,令其"发汗",目的是让其发酵,时间大约需要1个月;发酵完成后再加入清水浸泡6~7天。

(4)洗涤。发酵好的原料放在坑中,再加满水,浸泡2个星期左右,捞出竹片拧干备用。此处汉族也同样将发酵好的原料加入清水浸泡6~7天。

(5)舂料。用碓(碓头有米字型刀口)将原料舂成细粉末,每天一人只能舂出50千克左右。将舂好的粉末放入水槽加水淘洗2~3次后,再放水浸泡到第二天即可用于造纸。淘洗的时候用竹竿搅动,很费力气。淘洗用的水槽底部放有竹帘,留有出水口。造纸工匠说,从清早开始,做完这一个工作步骤后,基本到了晚上收工的时候了,非常费时费力。瑶族也舂竹料,用的是木舂,约1.5小时舂一块料,但是他们没有加水淘洗的过程。汉族同样会用一整天的时间舂料,同时也没有加水淘洗的过程。

(6)制浆。舂好原料后连夜准备下一步工序,需要配好纸药放入水槽中,加水浸泡一夜,方便第二天清早制作纸浆;制浆时在泡有纸药的水槽中加入舂好的原料,和纸药水混合搅动均匀即可。壮族用的纸药是松树根,先捣烂松树根,在水中浸泡一夜即可。而瑶族用的纸药是仙人掌汁,竹料与纸药的比例为3:1,先混合竹料与纸药,然后再加入清水,搅拌均匀。汉族使用的纸药是仙人掌或藤子滑药,纸药也需要浸泡一天的时间,100千克竹料,加9千克滑药。

（7）抄纸。青年男子使用竹帘抄纸，抄出的纸放到平台或桌子上，堆放整齐成一堆一堆。一个人一个早上大约可以抄1 500张纸，一天可以抄3 000张。瑶族也使用竹帘抄纸，此步骤同样由男子操作，一般一天可抄2 000张，手快的人一天可以抄2 500张。从抄纸的效率来看，壮族效率更高，但是目前村中已无人造纸，也找不到当时用的工具，无法考证他们使用的竹帘大小，如果竹帘小的话，操作要容易一些，效率就会比用大竹帘要高一些。

（8）榨水。每做好一堆纸，在纸堆上放一块平整的木板，再在木板上放上石块或者重物，挤压出纸中的水分。瑶族也压纸，他们是先用人力压木棒，然后再用钢绳绞紧。此工序汉族和瑶族相同。

（9）揭纸。把压过水分的纸带回家，即可揭纸，将纸以10张为一刀分开，对折挂在竹竿上晒干。瑶族和汉族一样，在揭纸前多了一步工序，就是要修边，用小刀轻轻地修去纸的毛糙边，只修三面，不修的一面俗称"头子"；瑶族的揭纸步骤，一般由妇女操作。

（10）干燥。当地采用自然风干或者晒干的方式干燥，晒干后切成16开左右，长40厘米，宽16厘米大小的纸张，以50刀绑成一捆即可出售。瑶族和汉族则是将纸放在屋内阴干，6～7张纸为一摞地晾在木头上，约4～5天时间阴干。

造纸工具：

由于者卡村中已经没有人再造纸，也找不到当时使用的工具，以下以《云南少数民族手工造纸》一书中瑶族使用的造纸工具作为参考，该书记录文山州麻栗坡县银厂村公所坪子寨瑶族制作手工竹纸的过程，和者卡村的工艺过程有相似之处，且两个村同处一个州，使用的造纸原料也一样，所以其造纸工具可以作为该地区造纸工具的参考。

（1）抄纸帘：宽19厘米、长58厘米。

（2）纸槽：长2米、宽1米，水泥台。

（3）滑水槽：1米×1米，水泥台。[①]

文山者卡村制造的竹纸呈黄色，偏灰，因为没有漂白和染色，纸

[①] 李晓岑，朱霞：《云南少数民族手工造纸》，云南美术出版社1999年版，第58页。

面粗糙，主要用于制造爆竹和祭祀活动时烧纸钱；同样，坪子寨造出的竹纸多用于祭祀活动，他们在春节、端午节、清明节和七月半时都烧纸祭祀。乾隆《开化府志》卷九说文山的居民"中元日（七月七日）祭祖先于家，焚纸衣楮锭"。坪寨的汉族，每80千克竹料大约可造3 000张纸，当地人过去写字用的就是这种纸，现在也只是在祭祀或者一些民俗活动中使用竹纸。《云南民族手工造纸地图》一书中记录，文山州马关县南捞乡半坡村，有苗族人造纸。南捞苗族造纸在以往的文献中都没有记录，据当地人说，造纸技术最早是从广西学来，在半坡村有一百多年的历史。[①]半坡做的竹纸也是在各种年节和祭祀中用做冥纸焚烧。可以看出，文山州出产的竹纸质量不佳，基本无法用于书写，但是将其制造工艺与富阳竹纸的工艺比较研究，可以得知如何改进制作方法以提高手工竹纸的质量，使其能够用于书写；当遇到用竹纸书写的历史档案时，可以通过对竹纸制造工艺的研究，针对这种特殊的纸张提出档案保护建议；当使用这些竹纸制成的档案材料需要重新修裱时，也能为其提供最接近的手工竹纸用于修裱。

---

① 杨建昆：《云南民族手工造纸地图》，云南科技出版社2005年版，第134页。

2.3 云南竹纸耐久性分析

从档案保护学的角度分析竹纸耐久性，能更好地认识竹纸，提出保护建议。最好的方法是从历史档案材料中取得竹纸，用于试验分析，但是由于试验需要使用大量纸张，这样做会破坏原始档案的完整性，所以本书没有从现存历史档案中拆出纸页，而是通过实地调查原始竹纸生产地，取得竹纸样品进行分析。试验结果包括纸张电子显微图，及定量、耐折度、撕裂度、抗张强度四个指标的测试，通过这些试验可初步分析竹纸档案的耐久性。

2.3.1 云南竹纸纤维分析

肉眼观察楚雄九渡村竹纸和文山者卡村竹纸，九渡村竹纸比较厚实，质地均匀，不透光，抖动没有灰尘，纸张背面帘纹（抄纸帘留下的印记）清晰规则；者卡村竹纸比较薄，会透光，质地不均，其中有一些部分平整，另一些部分结成团状，抖动有灰尘，纸张看不出明显的帘纹。

从电子显微图可看出，九渡村竹纸的纤维结合比较均匀、紧密（见图2.4）；者卡村竹纸的纤维结合比较松散，不均匀，有的部分透光，拍摄时可以看到黑色衬底（见图2.5）。两种竹纸中，都有一些微小的颗粒，应该是处理原料时加入的石灰残留，这些颗粒可能会影响纸张纤维的粘连，使粘连不够紧密，这是竹纸耐久性不高的原因之一。对比东巴纸和构树皮纸，竹纸的纤维结合度是几种纸之中最差的，其中的残留物也最多。所以综合研究几种造纸原料的纤维，竹纤维处理后造纸的效果较差，首先是由植物原料本身的生物性决定的；其次是加工过程中，竹原料没有"煮"的加工程序，属于生料加工法。使用"煮"这一工序的方法，称为熟料加工法，其优点是降解原料所含木素、油脂、单宁、蛋白质、淀粉等杂质，以提纯纤维素用于造纸；同时，煮的过程中加入一定碱性物质，还能起到漂白作用。所以采用生料法加工的竹纤维，相比其他使用熟料法加工的植物纤维，性能较差。

再对比两地的纸张纤维结构形态，可判断使用生料法处理竹原料时，九渡村处理的方式更理想。九渡村晒原料花费1个月时间，然后浸泡3~4个月，再发酵1个月左右，清洗后换清水再泡15天；者卡村没有晒干竹片的工序，浸泡1~2个月，发酵2周左右，清洗后换清水泡2周左右。综合来看，九渡村处理原料的时间更长，达5~6个月；者卡村处理原料的时间则是2~3个月。这可能是九渡村原料纤维处理得更好、更适宜造纸的原因。此外，两个地方纸浆的配制、浓度也会影响抄纸时纤维的结合度，由于现在两地都没有继续造纸，无法考证；目前只能了解到九渡村使用的纸药是仙人掌或沙松树根，者卡村使用的也是沙松树根，从这点上看，纸药对两者的纤维结合程度影响不高。

图2.4　楚雄九渡村竹纸纤维图

图 2.5　文山者卡村竹纸纤维图

2.3.2　云南竹纸耐久性测试

对九渡村和者卡村的竹纸进行定量、耐折度、撕裂度、抗张强度四项测试，结果如表2.1所示：

表 2.1　云南竹纸试验数据

竹纸	定量／（g／m²）	撕裂度／CN	抗张强度／（kN／m）
楚雄九渡村竹纸	33.0	91.5	0.25
文山者卡村竹纸	47.5	38	0.29

（1）定量数据分析。

定量数据显示，者卡村竹纸在每平方米面积上分布的质量比九渡村竹纸的质量高，两种纸张都达到国家对单面书写纸性能的标准，该标准中定量的取值范围是25.0（±1.3）g／m²～40（±2.0）g／m²，所以，竹纸可以用于单面书写。制作彝文经书时，恰巧是采用"折页双面抄文"的方式,即将一张纸折起来,分别在两面上书写,实际上,每张纸都是单面书写。书画纸标准中,对定量规定的范围要求是26.0(± 2.0)g/m^2~30.0(± 2.0)g/m^2,竹纸在这一项测试中不符合该项要求,所以不适合用于纸质档案的拓裱和古籍印刷。比较此次测量的其他纸张,竹纸的定量数据与构树皮纸相近,但是远没有东巴纸高。

(2)耐折度数据分析。

测耐折度数据时,由于竹纸非常柔软,无法按照机器操作的标准对纸张施加拉力,一旦施力纸张即断裂,所以无法测量出数据。但这一点也反映出竹纸与构树皮纸和东巴纸比较,其质地较差,受外力影响后极易损坏。这应该也是竹纸逐渐消亡,被其他纸张取代的原因之一。比较此次测试的其他纸张,只有竹纸完全不能测试该项指标;构树皮纸情况稍好,5种样品之中有3种能测试;东巴纸测试结果最理想。

(3)撕裂度数据分析。

撕裂度的数据显示,九渡村竹纸比者卡村竹纸性能好。反观其定量值,九渡村竹纸比者卡村竹纸在单位面积上的重量要轻,可见,九渡村的竹纸更加轻盈且撕裂度好,说明九渡村抄造竹纸的工艺更好。比较此次测试的其他纸张,竹纸的撕裂度很差,构树皮纸稍好,东巴纸最好。

(4)抗张强度数据分析。

抗张强度的数据显示,两者相差无几,说明当纸张受到同样张力的拉扯时,受损坏的程度应大致相当。比较此次测试的其他纸张,竹纸抗张强度较差,构树皮纸较好,东巴纸最好。

综合上述,竹纸的综合性能在云南地区所造的手工纸中最差,所以在人们的自然选择之下,逐渐被淘汰;目前云南地区手工竹纸制造业已逐渐消亡,也不再使用该种竹纸来书写记录。对于现在保存下来的,用其记录的档案应该格外受到重视,加强对其保护。

第3章 云南东巴纸档案耐久性研究

3.1 云南东巴纸档案概况

东巴纸档案是特指纳西族用东巴文书写在东巴纸上，日常生活中用于各种民俗活动的经籍。云南的纳西族，主要居住于丽江和香格里拉，其文字被称为"东巴文"，用东巴文书写成的经书被称为"东巴经"，东巴经图文并茂，历史上由纳西族祭师掌管，祭师被称为"东巴"。纳西族的东巴文化以其突出的特点吸引了国内外众多学者。综合前人的研究可知，"东巴"（dobbap）意为"智者"，是纳西族民间指称纳西西部方言区的东巴教宗教专家的称谓；而东部方言区本土宗教专家被称为"达巴"（daqba），是"东巴"的异读，达巴没有象形文字经书，亦无东巴那样体系庞大而内容精细的祭祀仪式，其性质更接近巫师（Shaman），其口诵经很多。

东巴使用的文字统称为东巴文，其中包含两种文字，一种是东巴文字，另一种是格巴文字。东巴文较常见，是一种古老的象形文字，大约有3 000个单字，纳西族称之为"斯究鲁究"，意思是"木石上的痕迹"或"木与石的记录"，可见，东巴文最初的记录载体不是东巴纸，而是木头或石头，在东巴纸出现以后，才记录在东巴纸上。"东巴纸"的称谓出现于20世纪90年代左右，在迪庆白水台，这种纸又称为"白地纸"。东巴文只有东巴教祭可识读，东巴经基本上都是用这种文字书写的。格巴文是一种表词的音节文字，当用文字记录语言时严格保持字和词相对应，一个字代表一个音节，格巴文中有的字是独自创立的，有的是从东巴象形文字改造而来，还有部分是借汉字形和字意，或借汉字字形和读音。[①]在调查过程中第一次见到格巴文，是在丽江一位东巴文化学

---

① 杨福泉：《纳西族文化史论》，云南大学出版社2006年版，第49-70页。

者和力民老师家中，和老师介绍说格巴文流行的范围很小，现在能识读格巴文的东巴也不多，用它书写的东巴经也很少。据文字资料记载，格巴文经书在国内收集到的资料只有两三百册，关于格巴文经书的载体形式如何有待继续研究。

东巴纸在纳西语中的读音为"色苏"，主要用途是书写东巴经书。东巴纸制造原料取材于瑞香科荛花，制作和传承造纸工艺的一般是东巴。如果造纸人不是东巴，那他制造的纸一般不受欢迎，而东巴制作造的纸张一般只供自己写经书使用，产量不高，这种情况给东巴纸的传承带来很多困难。实地调查过程中，笔者发现目前也有纳西族群众在制造东巴纸，他们造纸的产量比较高，主要用于出售给东巴或旅游者，这对于传承东巴纸的制造工艺，是非常有益的。

东巴经的样式一般为横长竖短型，长约28厘米，宽约8厘米，在经书左侧用棉线装订，右侧可以翻动阅读；内页一般每页打横线分成3或4行，从上行开始从左往右书写经文，写完一句，就画一条竖线隔开，继续写下一句。东巴使用的墨是锅烟灰伴以猪胆汁、松明油烟制成的，笔用竹子削制而成。藏族也使用竹笔书写，近代著名藏学家任乃强先生遗作《西康图经》之"民俗篇"中记录："竹书为印度古制，藏文书法仿于印度，故亦采用竹笔也。竹笔写字，与钢笔同，并无不便；惟吸墨太少，手法拙者，未完一字而墨已罄。故书藏文者，例有一墨海，时时竹入笔蘸墨。其墨海完全系内地制法。此亦西藏文化与中原文化有关之处。"[①]藏族文化和纳西族文化素有交流，两个民族之间的语言文字、文学作品、民间歌舞和绘画等方面都有交融，[②]使用竹笔应该也是互相影响，而且这两个民族的造纸方法非常相似。东巴纸的纸张质地很厚，应该和使用竹笔有关，因为竹笔坚硬，写在质地薄的纸上会把纸划破；而使用质地厚的纸则没有这个问题。李国文《云南少数民族古籍文献调查与研究》一书中有载，和力民作《丽江市纳西族东巴古籍——纳西族东巴经古籍民间流传、保存、研究综合报告》一文中也记录，多数东巴经

---

① 任乃强：《竹笔草纸指托书》，载《中国西藏》（中文版），2003年第5期。
② 杨福泉：《纳西族与藏族历史关系研究》，民族出版社2005年版。

用传统东巴纸和竹笔抄写。东巴纸是使用浇纸法制造的，藏族也使用这种方法制造纸张，此法制造的纸张比用抄纸法制造的纸张质地厚，适于用竹笔书写。书写材料、载体材料、纸张制造方法，三者应该是在互相影响、相互选择的过程中逐渐稳定下来，成为人们约定俗成的习惯。所以在考虑改变纸张制造方法以加强纸张耐久性时，应综合考虑到各民族使用纸张时的特定习惯、使用的书写材料等。

书写东巴经书时，一般不记录具体完成的时间，而且有时在东巴仪式结束以后，经书会被烧掉；或者在东巴去世时，经书念诵完毕后需要烧毁。所以从目前可考的资料来看，东巴经书是从什么时候出现的，还没有十分准确的结论。东巴经书可以保存多少年，即东巴纸可以保存多少年，其纸张的耐久性如何，同样没有十分准确的答案，有待进一步探索。东巴纸的形成和发展可能始于北宋。[①]一些东巴经在结尾由书写者标上书写日期，据公布于世的研究结果，美国学者洛克所发现的最早的一本标有日期的经书是明万历元年八月十四（1573年9月17日）所写。[②]台湾学者李霖灿在中国台湾"台湾故宫博物院"1980年出版的《麽些研究论文集》中所著文章《美国国会图书馆所藏的麽些经典》一文中指出，在美国国会图书馆所发现的最早的东巴经版本是清康熙七年（1668年）。可见，东巴纸制作的经书至少可以保存300年，甚至400多年，东巴纸的耐久性非常好。

在国内，经过战争和"文化大革命"，很多东巴经书被付之一炬，国内东巴经书至今保留有1万多卷，分别被收藏于丽江、昆明、北京、南京、台湾等地的图书馆或研究机构。经书的内容主要分为：丧葬类，用于正常死亡或非正常死亡者的超度；禳解类，用于除病消灾、退口舌是非等；求福类，用于祭神、祭天、祭祖等；占卜类，记载各种占卜方法；舞蹈类，用图画象形文字记录各种仪式时跳的舞蹈；应用类，有医书、账本、契约和文书等。

在国外，如今流散在美国、英国、德国、法国、意大利、荷兰、

---

① 方国瑜编撰，和志武参订：《纳西象形文字谱》，云南人民出版社1980年版。

② J.F.Rock：*The Life and Culture of the Na—khi Tribe of the China—Tibet Borderland.* Wiesbaden, 1963. [美]洛克：《中国西藏边疆纳西人的生活与文化》，联邦德国威尔斯巴登1963版。

瑞士、西班牙等地博物馆、图书馆以及私人之手的纳西象形文东巴经有一万多卷。杨福泉在《纳西族文化史论》一书中，引用了杰克逊统计的西方国家东巴经收藏情况一览表（见表3.1）。他表末注明：有*标记的指东巴经的实际数目比这里所统计的数量要大得多。据杨福泉十多年来在美、英、法、德、瑞士等国游学时的粗略了解，还有很多私人收藏的东巴经没有计算在内。

表3.1 杰克逊统计西方国家东巴经收藏情况一览表[①]

收藏地点	收集时间	收集者	册数
美国国会图书馆（Library of Congress）	1942	洛克（J.F.Rock）	78
	1927	洛克（J.F.Rock）	598
	1930	洛克（J.F.Rock）	716
	1930	哈里森（V.Harrison）（得自洛克）	573
	1940	罗斯福（Q.Roosevelt）	1 073
哈佛燕京学社（Harvard—Yenching Institute）	?	洛克（J.F.Rock）	510
	1945	罗斯福（Q.Roosevelt）	88
康涅狄格州赫伦梅(哈里森夫人藏本)[Heronmere, Conn.（V.Harrison）]	1934	洛克（J.F.Rock）	3500*
其他私人收藏	?	洛克（J.F.Rock）	25*
美国收藏总数	1945	罗斯福（Q.Roosevelt）	700*
			7 861

[①] 杨福泉：《纳西族文化史论》，云南大学出版社，2006年8月，77-78页。

续表

收藏地点	收集时间	收集者	册数
德国柏林国家图书馆（Stttsbibliothek）	1961	洛克（J.F.Rock）	1 118
英国曼彻斯特约翰·赖兰图书馆（John Rylands Library）	1961—1922	福雷斯特（G.Forrest）	135（+913复制）
伦敦印度事物部图书馆 [India Office（Commonwealth）Library，London]	1916	福雷斯特（G.Forrest）	17
	1929—1931	怀亚特·史密斯（S.Wyat Smith）	91
大英博物馆（British Museum）	1929—1931	怀亚特·史密斯（S.Wyatt Smith）	91
巴黎东方语言学院（L'Ecole des langues orientales，Paris）	1890？	亨利伯爵（Prince Henri）	25
	1900？	巴克（J.Bacot）	
荷兰莱顿民俗博物馆（Rijksmuseum voor Volkenkunde，Leiden）	1880	沙尔顿（E.Scharten）	15
英国曼彻斯特大学博物馆（University Museum，Manchester）	？	？	1
欧洲收藏总数	—	—	1493*
欧美收藏总数	—	—	9354

目前研究纳西族和东巴文化的学者众多，研究内容非常广泛，但是从档案学角度出发，研究东巴纸这一纸张载体耐久性的人还很少，进行这方面的分析，将有利于更好地了解东巴纸，保护东巴档案，传承东巴文化。

3.2 云南东巴纸制造地区实地调查

3.2.1 丽江东巴纸

丽江是我国著名的旅游胜地，其东巴文化名扬四海。丽江市位于青藏高原东南缘，滇西北高原，金沙江中游。东接四川凉山彝族自治州和攀枝花市，南连大理白族自治州剑川、鹤庆、宾川三县及楚雄彝族自治州大姚、永仁两县，西、北分别与怒江傈僳族自治州兰坪县及迪庆藏族自治州维西县毗邻。2005年末全市总人口为113.76万人，现有纳西、彝、傈僳、白、普米等22个少数民族，其中有12个世居民族，少数民族人口66.09万人，占全市总人口的58.1%。丽江历史上就是滇西北政治经济文化中心，是汉唐时代通往西藏和印度、尼泊尔等地的"丝绸之路"和"茶马古道"重镇。[①]

丽江玉龙纳西族自治县大具乡肯配古村是著名的东巴纸制造地，大具乡有着悠久的历史和灿烂的民族文化，是东巴文化的发源地之一。虎跳峡崖画证明早在4 000多年前纳西族先民就已经来到大具坝，并在这里繁衍生息。大具乡位于玉龙县东北部，玉龙雪山北麓，金沙江畔。[②]肯配古村隶属于大具乡白麦村委会，坐落在大具乡的东南角，白麦村委会平均海拔2 000米，年平均气温15℃，年降水量800毫米，属于高寒山区，虽然该村距离玉龙古城区只有86千米，离大具乡政府也仅有15千米，但是道路难行，其中还有十几千米的山路只能步行，交通十分不便，多方寻找向导而不得，所以调查计划未能成行，只能通过文献资料了解一些情况。

---

① 云南数字乡村网 http：//www.ynszxc.gov.cn/szxc/zmb/ShowDocument.aspx？Did=831&DepartmentId=831&id=2228032

② 云南数字乡村网 http：//www.ynszxc.gov.cn/szxc/model/ShowDocument.aspx？Did=847&DepartmentId=847&id=2111319

3.2.1.1 丽江东巴纸原料

1949年前，肯配古村仅有八户人家，其中四户人家制造东巴纸。20世纪90年代初，会造纸的仅存一人，名叫和圣文，他被誉为"东巴造纸的最后传人"。和虹所作《最后的东巴纸传人》一文中，详细介绍了和圣文于1991年得到丽江东巴文化研究所的大力支持在肯配古村重新开始造纸的经过，并介绍造纸的原料和造纸工艺流程。文中提到的原料称为"山棉树"，笔者查证后了解到，山棉树的纳西语读音为"弯呆"，就是瑞香科荛花。杨建昆在《云南民族手工造纸地图》一书中也证实，丽江大具造纸的主要原料是瑞香科荛花属澜沧荛花（Wikatroemia mekongensis W.W.sm）和丽江荛花（Wikatroemia lichiangensis W.W. Smith），这两种植物的韧皮纤维在高山植物中算是比较发达的。澜沧荛花纳西语称为"然弯呆"，意为长在高山上的荛花，这种荛花分布在海拔2 000～2 700米的石灰岩土壤中。丽江荛花纳西语称为"阁弯呆"，常见于海拔2 600～3 500米的杂木林下、松林中，荒地灌丛及路边。由于生长在高寒山区，它们的生长速度缓慢。①

东巴纸在纳西语中的读音为"色苏"，主要用途是书写东巴经书，东巴经书至今保留有1万多卷，分别被收藏于世界各地很多国家图书馆或者研究机构。20世纪50年代，由于政治因素，纳西族的东巴教被认为是封建迷信和巫教，所以很多东巴经书被烧毁，东巴祭师的传统活动被禁止，东巴文化传承一度中断。东巴纸的制作活动必然也受到很大冲击，其制作工艺的传承出现断层。而且，东巴纸一般是由东巴制造，非东巴的造纸工匠很少，也不受尊重，非东巴的造纸工匠，往往是特别穷苦而迫于生计才造纸，这一情况也不利于东巴纸造纸技术的传承。到20世纪80年代以后，随着很多学者对东巴文化研究的复兴，人们意识到东巴纸这一载体是传承东巴文化不可或缺的一个重要部分，其制作技术才逐渐恢复。肯配古村的和圣文于20世纪90年代，在东巴文化研究所的帮助下，通过自己的记忆和其岳父的口述指点，经过很长时间的仔细摸索，才制作出东巴纸。根据丽江

---

① 杨建昆：《云南民族手工造纸地图》，云南科技出版社2005年版，第50页。

东巴文化研究所介绍，该所确实曾与和圣文合作，请他制作东巴纸，该所现存他制作的东巴纸5 000～6 000张，曾到他家挂过"云南省社会科学院东巴研究所经书纸定点生产作坊"的牌子。和圣文现在已经去世，他的子女是否还在造纸不得而知，目前丽江地区是否还有纳西族在传承造纸工艺，成为又一个摆在眼前的难题。

20世纪50年代至70年代，丽江的荛花原料曾一度被供销社收购，作为工业化造纸的原材料销售到外省，经过二三十年的长期收购，丽江荛花资源量锐减，同时当地的生态环境遭到极大破坏。大具乡肯配古村附近的荛花经过十多年的大量采集，资源已经逐渐枯竭，恢复这一资源需要极长的时间，因此成为当地人恢复造纸工艺的阻碍因素。据统计，要砍掉至少200棵荛花树，才能采集1千克晒干的荛花皮，制造10张左右25厘米×60厘米的东巴纸；制作东巴纸还需要煮荛花皮，燃烧200千克左右的木柴，花费工时7天，才能制作60张东巴纸。所以，原料采集困难、低生产率和高成本等因素制约了东巴纸的生产和传承。同时东巴纸的价格也很高，1949年以前，在以物易物为主要贸易手段的一些山区，东巴纸需要用大型牲口才能交换获得。实地调查时，笔者动手采集了很多荛花树皮，由于荛花有一定毒性，采集了一段时间以后，手部出现红肿、痛痒和酥麻的感觉，可见制作东巴纸不是一件容易的事。

3.2.1.2 丽江东巴纸制造工艺

2010年2月，笔者在丽江开展田野调查，准备前往大具乡肯配古村。上文中提及的和圣文已经去世，他的后人是否还在造纸不得而知。一说是他的孩子到丽江来打工，没有造纸；另一说是他的孩子准备打工赚钱积攒后，用于恢复东巴纸的制造。由于无法联系上和圣文的家人，时值冬季，大具乡山路难行，到达肯配古村还需要步行十几千米的山路，加之多方寻找都没有合适的向导带路，只能放弃到肯配古村调查的计划。

据文献资料，有学者对大具乡肯配古村的东巴纸制造工艺进行过调研，如杨建昆编著的《云南民族手工造纸地图》一书中，简述了肯配古村的造纸历史、造纸原料和造纸工艺；李晓岑撰写的文章《纳西族手工造纸》，和虹撰写的两篇文章《最后的东巴纸传人》和《浅探纳西东巴纸造纸技术》，及陈登宇撰写的《纳西族东巴纸新法探究》等文章都详细记录了肯配古村制作东巴纸的程序，其中也可以看出和圣文在制造东巴纸的后期，通过自己的摸索和学习其他地方的造纸方法，在造纸时对原料加工方法做了改进，还尝试加入纸药，这些都是传统的东巴造纸工艺中没有的。由于目前关于古法制造东巴纸的文献资料极少，其可信度有待进一步考证，本书不做论述；现综合几位学者撰写的文章，将大具乡肯配古村纳西族改良后的手工造纸工艺整理如下：

工艺流程：采集原料—浸泡—煮原料—洗涤——次舂料—二次舂料—浇纸—干燥——次砑光—揭纸—二次砑光。

（1）采集原料。将荛花树枝折断或砍下，剥下树皮，晒干备用；或者剥下树皮的同时，将树皮外层黑皮去除，保留下里面乳白色的韧皮部分。剥去黑皮的白色树皮，也要晒干，一般在自然阳光下晒半天时间。干燥后有利于原料的长期保存，当需要造纸时，取出干燥的原料浸泡即可。

（2）浸泡。准备造纸时，取出晒干的荛花树皮浸泡，泡的同时去除黑皮并进行修剪，将原料修剪成约10厘米长的短节，把较厚的树皮撕开，使原料尽量达到大小和厚薄均匀统一。一般浸泡3～5天时间，直到树皮泡软为止，这时水会泡成黑色，并有臭味。因为荛花具有一定毒性，处理时手和眼睛都会发痒，接触时间过长，手部会刺痛肿胀。

（3）煮原料。架起大锅，用柴火蒸煮原料。蒸煮时先加入灶灰以促进原料碱化，再加入已配上大麻和山火草的纸料（500克荛花配50克大麻皮和25克山火草），以1层纸料1层灶灰的方式下锅，每5千克纸料约需要25千克灶灰。灶灰越多，熟得越快。每锅约下7～8千克的纸料，边蒸煮边用木棍搅拌，一般蒸煮一天一夜，此时料发烂，颜色发黄。[①]

（4）洗涤。把煮好的原料捞起，放到簸箕中，到村边的大河中清洗，使用流动的水洗涤，比在容器里洗涤得更干净，造出的纸也更白。洗涤时也要揉搓，主要是将灶灰清洗干净。洗好以后用木棍在大石头上捶打原料，达到再次分离纤维的目的，把原料打得又烂又软以后，整理

---

① 李晓岑：《纳西族的手工造纸》，载《云南社会科学》，2003年第3期。

成团状，这时的原料已经变白。煮一锅可以打40多团料。

（5）一次舂料。把制成团的原料放到大木桩上，用木槌舂，每半小时可以舂出4到5团料，此时原料纤维打得更细，呈现粗浆状。

（6）二次舂料。将粗浆状的原料放到木臼中，用木杵舂料。此处的做法和白地吴树湾的做法很相似，目的都是使原料纤维更加细致。此时边舂边加入和圣文自己配制的紫胶作为纸药，以增加纸浆的黏结性。每团原料舂4~5分钟，此时原料呈细浆状，白度也更高。笔者查阅多篇文献发现，这一步骤是和圣文在制造东巴纸的后期，自己摸索后加入的工序，刚开始他造纸的工序和其他文字记录的东巴纸制造工艺中，并没有二次舂料，也没有加入紫胶这种纸药。紫胶的具体成分，还有待进一步考证。另一种说法是和圣文讲述最初传授他造纸工艺的岳父也曾提到用纸药，但由于熬制纸药的香树根（一种制香条用的原料）不易找到而略去不用；后来由于他以生产东巴纸为生，故而挖掘香树根熬制纸药，每捞五六十张纸，需用0.1千克左右的纸药。[①]

（7）浇纸。首先准备一个木质的长方形纸槽，纸槽底部是一块竹篾，上部是空的，将纸槽放入一个装满水的更大的木槽中，木槽中的水至少要没过纸槽的一半以上，然后用手将舂好的一部分原料放入纸槽中，轻轻地搅拌，使纸浆纤维均匀地下沉并分布于竹篾上，同时拣出可见的杂质。放多少原料，取决于个人的手艺，放得太少，纸浆纤维太薄，最后可能无法很好地粘连，导致无法揭下完整的纸张。和圣文刚开始造纸的时候，就出现过这个问题，最后他细心摸索，才使问题得到解决。放好纸浆并使其均匀后，水平地将纸槽从水槽中捞出，沥干水分，轻轻取出底部的竹篾，准备一块光滑平整的木板，将竹篾有纸的一面压在木板上，然后小心取下竹篾。此时木板上就得到一张湿纸，用湿布团轻轻挤压出纸中的水分，即可进行干燥。

（8）干燥。把木板放在太阳光下晒干，日晒过的纸张会更白。晒时应注意，木板放置一段时间后，需要将其上下部分调头摆放，以防止水

---

① 和虹：《浅探纳西东巴纸造纸技术》，载《广西民族学院学报》（自然科学版），2001年第2期。

分过分集中于靠下的部分，使纸整体能够均匀干燥。

（9）一次砑光。一边晒纸一边用布团压纸，可以达到砑光的作用，也能排除纸中多余的水分，加快干燥。

（10）揭纸。晒2～3小时，纸张干燥后，用手轻轻将其揭下，即得到一张长条形的东巴纸。

（11）二次砑光。揭下的纸放到桌上，再用光滑的石头砑光一次，使纸张越发光滑平整。

造纸工具：

（1）纸帘：长61厘米，宽21.8厘米，有44根竹篾，以麻线连接。

（2）纸槽：长64厘米，宽24.5厘米，底部有两个木条，做纸帘的支撑。

（3）晒纸木板：长90厘米，宽24厘米。

（4）木臼：高66厘米，外径20厘米，深31厘米，内径14厘米。

大具纸耗工很大，如两人干，平均1天仅得20余张纸，售价3～4元一张，扣除成本，利润是很少的。[①]

据丽江李氏宗谱记载，明代天启年间，丽江土司曾请来在鹤庆松桂（即龙珠一带）造纸的江南籍师傅李先常，开始使用抄纸法造纸，所造之纸为贵族所用。又据造纸村杨氏宗谱，清康熙年间，鹤庆的杨那、杨宝两兄弟迁居至丽江狮子山下，与李先常的后裔相互传授造纸技术。[②]近代丽江也有土法造纸的记录，造法和鹤庆造纸方法十分相似。奇怪的是，虽有以上不同时期有外来造纸术造纸的记载，但纳西东巴们的造纸工艺并没有受到外来造纸技术的影响，至今还是沿用他们本民族最原始的方法造纸，这是为什么呢？也许当时那几位工匠只在木府闭门抄造，且对知识产权保护意识非常强的缘故？或许是纳西人的民族自豪感驱使他们不屑一顾？或是宗教上应用的习惯？不管是什么缘故，丽江现存的东巴造纸术是很原始的，属于浇纸法造纸工艺，和鹤庆抄纸法没有丝毫关系。[③]东巴纸是传承纳西族东巴文化的重要载体，现在还有大量使用这

[①] 李晓岑：《纳西族的手工造纸》，载《云南社会科学》，2003年第3期。
[②] 丽江县政协文史资料委员会编：《丽江文史资料选集（第6辑）》。
[③] 杨建昆主编：《云南民族手工造纸地图》，云南科技出版社2005年版，第46页。

种纸书写的东巴经传世，保护这些珍贵的历史档案，可以从保护这种档案的载体入手，也就是研究东巴纸，从它的制作工艺出发，研究如何提高其纸张耐久性。

3.2.2 迪庆东巴纸

迪庆州香格里拉市三坝纳西族乡白地村，也有很多纳西族从事东巴纸制造活动。白地村隶属于香格里拉市三坝纳西族乡，距香格里拉市区102千米，距乡政府所在地4千米，到乡（镇）道路为柏油路，交通方便。[①]当地居住的群众绝大部分是纳西族，即本书调查的对象。

3.2.2.1 迪庆东巴纸原料

三坝乡白地村恩土湾组手工造纸使用的原料是生长在当地山上的荛花（见图3.1），当地海拔2 300多米的山上，生长着很多荛花。瑞香荛花为乔木、灌木或亚灌木，具木质根茎，高30~90厘米，枝细长。叶对生或少有互生，长2.5~7.5厘米，宽1.5~2.5厘米，先端急尖，基部阔楔形，全缘，上面绿色，近无毛或疏生短柔毛，下面灰绿色，密生柔毛，叶脉隆起；叶柄长约3毫米，被细毛。花两性或单性，花序短总状、穗状或头状，顶生，极稀腋生，无苞片；花萼管状、圆筒状或漏斗状。该物种为中国植物图谱数据库收录的有毒植物，其毒性为小鼠腹腔注射根的氯仿提取物200毫克/千克时，出现共济失调、呼吸变深而慢，翻正反射消失，1/4死亡；腹腔注射甲醇提取物50毫克/千克时，出现流涎、竖尾、共济失调、翻正反射消失。6月份瑞香荛花普遍开花，实地调查中也发现高海拔的中甸地区，荛花普遍开花，但是此海拔地区生长的荛花却没有开花，茎叶比高海拔地区的更加粗厚，更容易取得造纸需要的树皮纤维。村民介绍说，他们在采集的时候几乎没有见过荛花开花，他们一直认为这是一种不会开花的植物。

---

① 云南数字乡村网 http://www.ynszxc.gov.cn/szxc/villagePage/vIndex.aspx？departmentid=131692

图 3.1 三坝乡白地村恩土湾荛花

三坝乡白地村，简称为白地，是东巴文化的发祥地，当地的白水台是东巴文化圣地，也是著名旅游风景区，这里制造的纸被称为白地纸，很有名气。李晓岑和朱霞1998年2月在该地进行过调查，他们走访的对象是1926年出生的和志本东巴，当时和东巴说白地纸仅他家制造，制造活动始于他的爷爷，其也是东巴，后将制作工艺传给他舅舅和东恒大东巴，他舅舅又传给他，现在已有三代，他家造到1957年时停止，1983年又恢复。到1992年，由于年迈，他自己不再造了。[①]2011年6月笔者对白地进行田野调查，白地村恩土湾组、波湾组和吴树湾组等几个村都有一些人家在造纸。受东巴文化热潮影响，现在当地人为了更好地销售手工纸，将"白地纸"改称为"东巴纸"。当地人说原来村里很多人家都会造纸，"文化大革命"时期很多人家都不造纸了，改革开放以后，当地一些人家又逐步开始恢复造纸。白地附近的很多山上都有荛花生长，采集原料十分方便，现在从事造纸的人家也不多，所以原料供应很充足。村民说，现在当地生产的纸张销往丽江的博物馆，还有美国的博物馆，他们对东巴纸未来的发展充满着信心。

---

① 李晓岑，朱霞：《云南少数民族手工造纸》，云南美术出版社1999年版，第36页。

白地的纳西族有很多都自称为"汝卡（或软可）"，是一个纳西族支系，纳西族各个支系的文字和民族活动有一些不同。白地村吴树湾组居住着当地最著名的年轻东巴和树昆，他是一名80后的年轻人，从小学习东巴文化。和树昆家是东巴世家，家中珍藏有家族流传下来的东巴经，具体年代不详。其颜色呈黄褐色，无虫蛀现象，经常翻阅的地方有破损。东巴经要放在桌上阅读，不能放在座位上。"文化大革命"时期大部分经书被没收、烧毁，当时一些老人把东巴经藏到山洞里，才留下一部分。1998年时吴树湾有3个老东巴，但现在都已经去世，目前和树昆是当地最年轻的东巴，他与其父辈已形成东巴文化断层，他的父辈已经不会再做东巴仪式。当地中心完小的和树荣老师极其重视东巴文化的传承问题，他于1998年3月16日建东巴学校，自己出钱请老东巴到校教授小学生们东巴文化。孩子们学习东巴文化以后参加表演活动，一部分收入分给和老师，他却没有接受，而是将其全部投入到东巴文化的教学中。东巴文化很难学，需要长期坚持，有的东巴经文一个字表达一个字意，而有的东巴经文一个字能表达出一句话的意思，很多人因为学习遇到困难就退出了，坚持下来的人很少。虽然面临很多困难，但东巴学校建校十多年间，还是培育出一批优秀的东巴文化传承人。2009年6月2日，当地和占元老东巴突然过世，年轻的和树昆接过重任，担任东巴为大家做各种仪式，成为东巴学校唯一的老师，一直坚持教授孩子们东巴文化。和占元老东巴在学校共教学11年，开始时培养了7个人，后来发展为22个人；其中和树昆学得最好，他从老东巴那里学会168本东巴经书，19岁时就出师能独立主持法事。和树昆与和树荣老师还共同参加了2009年在昆明举办的世界人类学大会。现在有很多年轻人到学校学习，但是要培养东巴大师需要很多年；东巴学校里的学生分高徒和新徒，能一直学到高徒的人为数不多。目前三坝中心完小的小学生二年级以上即开始学习东巴文；"经文"太复杂还无法学，所以他们先学"字经"，一个字念一个音，表达一个意思，比较容易；然后可以学习较难的"卜经"，"卜经"中一个字有时候表达的是一个词甚至一句话的意思。2010年3月22日（农历二月初七），迪庆纳西东巴文化传习馆挂牌成立，还设有一些分教学点。以前从来没有出现过女东巴，但是因教学点的不断建设，也吸引了不少女弟子到校学习东巴文化。在良好的氛围下，相信东巴文化和东巴造纸工艺能更好地传承下去。

3.2.2.2　迪庆恩土湾东巴纸制造工艺

2011年6月，笔者赴迪庆州三坝乡白地村恩土湾调查东巴纸制造工艺。造纸工匠介绍说，他们是纳西族，1993年开始恢复造纸，一般造纸的时间是每年的7～11月，平均一天2～3个人可做10张纸。现在各地的人都来此地订做东巴纸，其中有博物馆工作人员、文化馆工作人员，还有不少的高校老师和学生。此外，还有外国专家或旅游者时常到他家里参观，美国某博物馆的专家还为他拍摄了录像，并制作成光碟寄来。现在东巴文化热，推动了东巴纸的销售，能带来不少收入，让他们一家非常高兴，所以农闲的时候都在造纸。他们使用的原料是本地山上生长的荛花，在海拔2300米的山地上，荛花很多，是长青植物，他们所见的荛花几乎不开花。随后笔者在海拔更高的尼西乡枪朵村调查时发现，在高海拔地区，藏族也使用荛花造纸，但枪朵村附近山上的荛花普遍开花，且荛花枝干比三坝乡白地村的细很多，颇有不同。恩土湾造纸工匠都自己采集原料，一般由青年男子到山上采集，带回家以后，老人在家中进行初加工，然后造纸的程序由青年男子完成。实地调查时，造纸工匠正在家中加工原料，并介绍了具体的东巴纸制造过程。

恩土湾纳西族的手工造纸工艺流程为：采集原料—煮原料—一次舂料—二次舂料—浇纸—干燥—揭纸。

（1）采集原料。在村子附近山上砍下荛花枝条，挑选粗壮的使用。一般来说越粗越好，砍伐三年以后，新发的枝条又能长到一米多高，又可以用作造纸原料。造纸工匠说一定不能把荛花连根挖起，这样会破坏生态和荛花的生长。可见他们有很强的环境保护意识，这点和九渡村培育竹子的做法异曲同工。砍下的荛花枝条，去除外部的叶子后，将树皮剥下，里面的木质部分也同时去除。此时树皮外部是黑色的粗糙外皮，里面的内皮是乳白色，比较光滑；将黑色外皮去除，留下白色内皮造纸。若剥下树皮以后马上就用于造纸，就在剥树皮时，立即用小刀刮去黑皮（见图3.2），此时树皮还含有一定水分，柔软度高较好剥离；若采好树皮后不立即造纸，则将树皮晒干保存（否则会发霉），待需要时先浸泡两天，等其柔软以后，用小刀再刮去黑色外皮，留下白色内皮造纸。《云南少数民族手工造纸》一书中提到，和志本东巴造纸的过程中，采集原料以后晒干，晒干后再把原料放到村边的河里，在流水中浸泡2~3天，料泡到软为止。

（2）煮原料。以前烧柴用大铁锅煮，由于密封性差，煮沸的温度不是十分高；现在造纸工匠改用高压锅煮（见图3.3），下面依旧是烧柴，一般需要持续煮3个小时。其中煮第一锅时因为需要先预热，一般会煮4个小时，第一锅煮好倒出后再煮的每一锅则煮3个小时即可。煮时不添加任何东西，煮一锅原料可做20~30张纸。《云南少数民族手工造纸》一书中记录，和志本东巴在煮原料时，还在锅中加入一点草木灰，可使料熟得更快一些。现在白地村造纸工匠使用高压锅煮原料，熟得快，所以不加草木灰。

（3）一次舂料。用石臼（见图3.4）将煮好的料舂碎，石臼和木制的工具连在一起，只要用脚踩工具，即可舂料。

（4）二次舂料。石臼舂一次原料后，再用木槌（见图3.5）手工将纤维敲得更细致，若不够细致则浇纸的时候纤维散不开。

（5）浇纸。在一个长方形水槽（见图3.6）中放入清水，将纸槽放入水槽底，纸槽底部是一片竹帘，竹帘有一定的缝隙，会进入一定量的水。把适量舂好的原料放入纸槽中与其间清水混合，用手使纤维分布均匀，同时可以捞出没有去除干净的黑皮等杂质。将料均匀地铺平以后两手水平将纸槽捞出，等待竹帘滤掉水分后，把竹帘从纸槽中小心取出，将粘有纸料的一面由下至上贴到薄木板上，挤压掉多余水分，再取下竹帘。此时木板上即得到一张湿纸。选用的木板需平整光滑，且尺寸应比竹帘稍大，浇一张纸使用一张木板，所以此处的造纸效率并不高。《云南少数民族手工造纸》一书中提到，浇纸时，一般一次出一张纸，但是如果捞起来的纸太薄，就再捞一次。

（6）干燥。将带有湿纸的木板（见图3.7）竖起来放在阳光下晒干，上半部分一般会先干，这时将木板的下面一头调到上面再晒干，同时用滚筒滚平整。滚筒就是我们常见的施工时用来粉刷墙壁的工具，造纸工匠说最近几年才开始使用滚筒。

（7）揭纸。晒干以后，将纸从木板上小心取下即可。

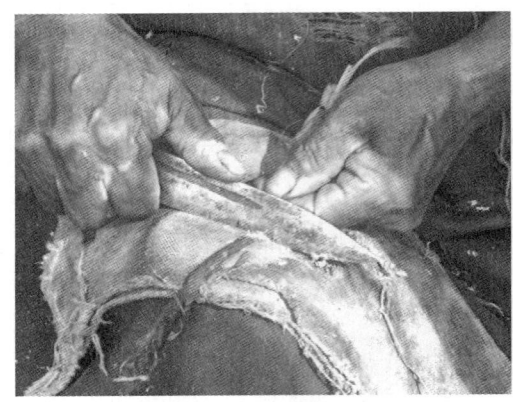

图 3.2　恩土湾原料去黑皮

图 3.3　恩土湾煮原料

图 3.4　恩土湾舂料工具（1）

图 3.5　恩土湾舂料工具（2）

图 3.6　恩土湾浇纸用纸槽

图 3.7　恩土湾造纸用木板

造纸工具：

造纸工匠说他们所用的工具，大部分都是自己动手制作的。

（1）高压锅（见图3.3），用于煮原料，以前用铁锅，现在为提高效率采用高压锅。燃料是取自于附近山上的木柴。

（2）石臼（见图3.4），用于舂原料，和木碓配合使用，通过木碓上下反复舂碎原料，使树皮纤维分裂。

（3）砧板和木槌（见图3.5），用一个大号的砧板，配合木槌，进行第二次舂料；两次工序过后，树皮纤维分裂得更加细致。

（4）纸槽（见图3.6），60厘米×25厘米，由木头框架和竹帘两个部分组成，纸槽底部放竹帘，竹帘为活动式，可取下，当浇好一张纸后，就把竹帘取出。

（5）薄木板（见图3.7），80厘米×30厘米，用来晒纸，厚度不一，但表面要光滑平整。

（6）水槽，用水泥砌成，长宽大小以能放入一个纸槽为宜，高度以能没过纸槽顶为宜。

恩土湾造出的纸张比竹纸和构树皮纸厚，但是整张纸质地厚薄均匀；因为整个造纸过程中没有添加漂白剂，所以纸张颜色偏黄，给人一种古朴的感觉，其质地与在博物馆和收藏者家中所见，用于书写东巴经的纸张质地一样。这种纸张不用加纸药即可做成，其耐久性如何，将进一步在下文中进行分析，得出的结论将有利于深入研究如何保护东巴经这种历史档案。

3.2.2.3　迪庆吴树湾东巴纸制造工艺

2011年6月，继恩土湾后，笔者赴附近的吴树湾调查，当地有名的年轻东巴和树昆也会造纸，他专门抽出时间，带笔者一起上山采集原料，并马上动手演示东巴纸的制作过程。

吴树湾纳西族的手工造纸工艺流程为：采集原料—煮原料—一次舂料—二次舂料—浇纸—干燥—揭纸。

（1）采集原料。在村子附近的山上采集荛花，此处和恩土湾的处理过程一样，只砍荛花的枝条，不挖树，让树保持良好的可持续发展。该地的海拔也是2 300米左右，荛花最粗的枝条能长到核桃一样粗，它们在这里也是几乎不开花的，和树昆说他从未见过荛花开花。砍回枝条后，需要马上动手剥下其外皮，并用小刀去除外部的黑皮（见图3.8），留下白色的韧皮部分，新鲜枝条外皮很柔嫩，非常容易处理。处理好树皮如果不马上用于造纸，同样需要将其晒干保存。

（2）煮原料。剥好的树皮用水简单清洗一下，用大铁锅加入清水煮（见图3.9），下面烧柴，一般要煮24个小时。和树昆为让笔者尽快看到制作东巴纸的过程，拿出他事先煮好的原料用于现场操作。

（3）一次舂料。当地采用两次舂碓。首先，将煮好的原料用清水漂洗一次，先用手挤干水分，再用石臼舂碎（见图3.10），舂得越细越好，舂时不加水。

（4）二次舂料。用小的酥油茶筒舂，舂时加入清水（见图3.11），第二次舂能将原料舂得更均匀更细致。和树昆东巴说，用酥油茶桶舂料是他自己的想法，觉得这样处理过的原料更细，造出的纸更好。

（4）浇纸。水槽中放入清水，将纸槽放入水槽底，纸槽底部是竹帘，有缝隙，会进入一定量的水（见图3.12）。把适量舂好的料放入纸槽中与其间清水混合，用手使纤维分布均匀，挑出黑色纤维去掉（见图3.13）。捞出纸槽时两手要抬水平（见图3.14），等竹帘滤掉水分后，把竹帘取出（见图3.15），将纸料一面由下至上贴到木板上，从上往下依次挤压掉多余水分（见图3.16）。先将边缘的纤维贴紧，再取下竹帘。用竹帘横向地再次挤压掉多余水分。挤干水分后，拿到日光下干燥。

（5）干燥。将木板竖起来放在阳光下晒干（见图3.17），上半部分一般会先干，这时换下半部分朝上再晒干。

（6）揭纸。晒干以后将纸揭下，整个工序完成。和树昆说，现在他事务繁忙，闲暇时间制造的纸数量很少，只供自己写东巴经书使用，很少出售。写经书时使用自己制作的竹笔蘸墨汁进行书写。自制的纸写经书不够用时，还会购买其他纸张。他还说与购买来的其他纸相比，东巴纸性能优良，无虫蛀，写的字迹浸泡在水里都不会掉色。

图 3.8　吴树湾荛花去黑皮

图 3.9　吴树湾煮荛花皮

图 3.10　吴树湾一次舂料

图 3.11　吴树湾二次舂料

图 3.12　吴树湾浇纸过程（1）

图 3.13　吴树湾浇纸过程（2）

图 3.14　吴树湾浇纸过程（3）

图 3.15　吴树湾浇纸过程（4）

图 3.16　吴树湾浇纸过程（5）

图 3.17　吴树湾晒纸

造纸工具：

和树昆使用的造纸工具都是自己制作的，主要有：

（1）铁锅，用来煮原料，燃料是山上的木柴。和树昆说，煮过原料的锅也会粘上一定的毒性，所以用完以后要认真清洗，才可以用来煮吃的东西，他为了安全起见，不用煮原料的锅做人吃的食物，只用来做牲畜吃的食物。

（2）石臼，当地用的石臼构造很简单，就是一块大石，中间掏空，再找一根大木棍，用人力耐心细致地将原料舂细。

（3）酥油桶，家庭日常用的酥油桶，这个桶用来加工过原料以后，也不能再用来盛放人的食物。

（4）纸槽，60厘米×26厘米，由木头框架和竹帘两个部分组成，竹帘为活动式，可取下。

（5）水槽，水槽是用木板钉起来做成的，大小没有规定，只要比纸槽稍大一些，能容纳纸槽在里面操作即可。

（6）木板，80厘米×30厘米，表面平整光滑即可。

和树昆出生于东巴世家，他除了掌握东巴纸的制造工艺，还妥善保存着家族流传下来的东巴经，但经书写成的具体年代不详。观察经书，颜色呈黄褐色，无虫蛀现象，经常翻阅的地方有破损。他非常珍爱这些经书，并介绍说东巴经要放在桌上阅读，不能放在座位上。东巴纸良好的防虫性值得研究，而这种纸张比较厚、硬，使用过程中长期折叠后容易断裂，如果能改善其耐折性将能更好地保护用这种纸制作的历史档案，这一问题将在下节中做进一步探讨。

3.3 云南东巴纸耐久性分析

东巴纸呈浅黄色,古朴、自然,纸质比竹纸和构树皮纸稍厚,纸张可以明显区分出正反两面。因为在制作时使用浇纸法,纸槽底部有竹帘,帘上有纹会留在纸上,有帘纹的一面通常被认为是反面,没有帘纹的一面被认为是正面。除东巴纸和九渡村竹纸以外,其他的纸张基本没有非常明显的帘纹,不易区分正反面。东巴纸总体上看质地均匀,抖动没有灰尘,不透光,有个别纸张会出现厚薄不均的现象,这与手工操作的技术有关,不可避免。综合比较来看,本书调查取得的所有纸张中,东巴纸是质地最厚的一种,也是颜色最深的一种,从测试结果来看,其耐久性也优于其他纸张。

为进行提高手工纸耐久性的试验,笔者在白水台恩土湾和继伟家定做了一批添加不同助剂的纸张,其中每一种助剂分别使用不同的浓度,用水作为溶剂。其使用的原料和造纸工序都按照制作普通东巴纸的程序操作。取得这些纸张后,将其与普通的东巴纸放在一起,进行试验比对,从而得出改良东巴纸耐久性的结果。添加的助剂材料如表3.2所示。

表 3.2 东巴纸改良试验添加助剂种类表

纸张编号	助剂种类	浓度
2—1	聚醋酸乙烯酯溶液	0.1%
2—2	聚醋酸乙烯酯溶液	0.2%
3—1	造纸挺硬剂	0.1%
3—2	造纸挺硬剂	0.2%
4—1	造纸增强剂	0.1%
4—2	造纸增强剂	0.2%
5—1	聚丙烯酰胺(PAM)	0.1%
5—2	聚丙烯酰胺(PAM)	0.2%

注:本表中编号的第一个数字代表助剂种类,第二个数字代表其浓度值。如:"2—1"中"2"表示为聚醋酸乙烯酯溶液,"1"表示其浓度为"0.1%"。

其中编号为2开头的是聚醋酸乙烯酯溶液，又名乙酸乙烯酯，是乙酸乙烯酯（醋酸乙烯酯）的聚合物。聚醋酸乙烯酯具有能与多种材料，尤其是与纤维素物质（如木材、纸等）粘接的优良性能，被广泛用作涂料、胶粘剂、纸和织物整理剂等，如粘合木料的白胶水，粘接砖瓦的胶粘剂，透明胶纸带，砖石表面涂料，以及预先涂有聚醋酸乙烯酯的标签和信封、邮票等。醋酸乙烯酯和丙烯酸酯或乙烯的共聚物应用于粘结不易粘结的材料，如聚氯乙烯塑料等。此外，也作无纺布的胶粘剂；作为水泥添加剂，可用于室内地板、战舰甲板等；也用于抹墙壁、防水、修补公路路面等方面。本次试验，用于增强纸张纤维的粘连性。

编号为3开头的是纸张挺硬剂，为一种可以广泛用于箱板纸、文化用纸和生活用纸的纸内添加剂，它可提高纸品的挺硬度和拉力，改善其物理性能。纸张挺硬剂是高分子胶体物质，胶体表面具有大量羟基（—OH），这些基团能够与纸浆纤维表面的羟基形成氢键结合，将纤维与纤维之间的结合力提高，从而增加纸页的挺硬度。这种试剂使用方便、用量少，每吨纸在纸浆内添加4～5千克，就可使纸品的挺度得到提高，也可提高纸张平滑度。在松香胶的用量降低0.2%（对浆）的情况下，纸浆的施胶度仍稳定在1.0毫米，这可以解释为挺硬剂起到胶体保护剂的作用，在一定程度上增强了施胶效果。同时，成纸的灰分可提高2%～4%，说明挺硬剂也起着助留剂的作用，相应提高了填料的留着率。[1]由于该种试剂能改善纸张的物理性能，因此用于东巴纸的改良试验。

编号为4开头的是造纸增强剂，试验使用的造纸增强剂是一种大有前途的精细化学品。我国的造纸增强剂研制起步较晚，与世界发达国家相比，还存在很大的差距，尤其是我国造纸原料多用非木材，短纤维多，为造纸增强剂的研制带来了难度。目前国内使用的造纸增强剂有：聚丙烯酰胺类、淀粉类、壳聚糖类、乳液聚合物类、其他类，共五大类。本书试验采用的是四川自贡市华高助剂厂生产的"造纸增强剂"，具体成分厂家出于保密考虑没有告知。目前，造纸增强剂的发展方向是研制新的阳离子醚化试剂，以降低阳离子淀粉的成本，此外，重点在于开发两

---

[1]《造纸化学新助剂——"纸张挺硬剂"推出》，载《福建纸页信息》，2006年第3期。

性淀粉及接枝共聚淀粉，以提高短纤维原料造纸的质量。阳离子淀粉能够明显提高纸张干强度，同时可以增加纸页的挺度、平滑度和施胶度等；还具有很好地助留细小纤维和填料的作用。既能增加纸张的物理性能，又能增加填料留着和减小纤维流失，消除掉毛、掉粉现象。在印刷纸和包装纸上使用阳离子淀粉，可以增加纸页的强度，提高施胶效果，增加纸页的平滑性，改善印刷性能，同时也对造纸填料和细小纤维有留着作用。在制造卫生纸的过程中也可以加入阳离子淀粉，可以增加卫生纸的拉力和挺硬度，适应压花要求，同时可以消除纸张粗纹现象，并助留细小纤维而提高纸浆得出率，同时对细小纤维有很好的粘合作用，可解决纸页掉粉现象。由于上述其性能优势，将该助剂用于东巴纸试验。如果无法购买到合成造纸增强剂，又需要改善纸张的性能，可以直接购买阳离子淀粉使用。

编号为5开头的是聚丙烯酰胺，也是造纸增强剂的一种，二十世纪九十年代，PAM在我国造纸行业用作增强剂的产品不多，尤其是丙烯酰胺与其他单体的共聚尚未见到报道。[①]目前国外普遍使用PAM造纸，而国内造纸用PAM类增强剂产品品种单一，基本上是通过水解反应获得阴离子聚丙烯酰胺（APAM），和Hofmann方法降解反应得到阳离子聚丙烯酰胺（CPAM）。它们有效成分含量低（8%左右），使用效果差，实际应用成本高，因此限制了国内对PAM的使用，目前国内以PAPM为主；CPAM已开发成功，但存在性能不稳定、价格较高等问题；两性PAM和PAM接枝共聚物仍处于研究阶段，尤其使用于草类和废纸原料造纸的高效PAM增强剂急待开发。[②]PAM具有易水解，使用方便，对环境友好，能够提高纤维和填料的留着率，成品纸白质稳定，不易老化，能相应降低水中悬浮物，减轻水质污染等特点，因此采用于本书的试验。

试验的结果将在下文中进行论述。

---

① 程若男，庄云龙：《造纸增强剂进展》，载《上海大学学报》（自然科学版），1997年第4期。

② 李建文，邱化玉：《纸张增强剂的研究现状及进展》，载《中国造纸》，2003年第11期。

3.3.1 云南东巴纸纤维分析

1. 荛花树皮纵切面分析

观察荛花树皮的纵切面（见图3.18），其纤维结构紧密，纹理清晰，排列均匀；色泽呈浅黄色，与所造纸张的颜色接近。

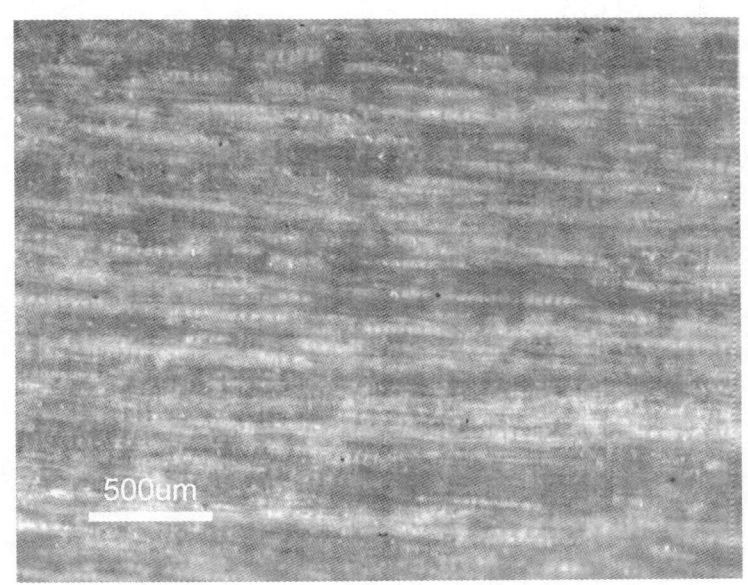

图 3.18 吴树湾荛花树皮的纵切面图

2. 荛花树皮横切面分析

观察荛花树皮横切面图（见图3.19），其纤维结构也非常紧密，排列整齐，用于造纸的是浅色的内部皮质部分，制造出的纸张色泽亦呈现浅黄色。

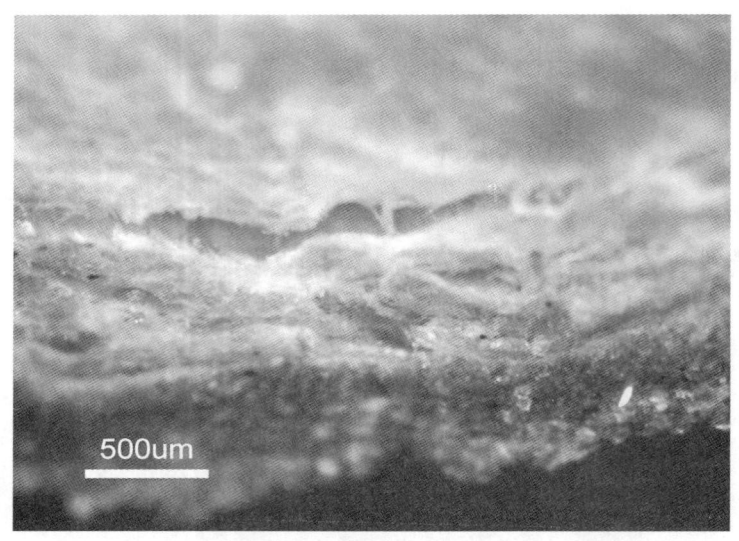

图 3.19 荛花树皮的横切面图

3．巴纸纤维分析

观察普通东巴纸纤维图（见图3.20），其纤维细长，结合比较紧密、均匀；相比竹纸和构树皮纸，东巴纸的纤维长度更长，排列更均匀，结合度也更加紧密，最后的测试结果也证明，东巴纸的耐久性更出色。分析原因有三，一是荛花原料本身的生物性决定其纤维较适合用于造纸；二是原料加工时有"煮"的工序，属于熟料造纸法，能充分去除原料中的木素、蛋白质和其他杂质，可提纯荛花树皮中的纤维素；三是加工过程不加入任何添加剂，因此不存在颗粒残留于造纸纤维中的情况，消除了阻碍纸张纤维结合的不利因素。

图 3.20 普通东巴纸纤维图

4．加入聚醋酸乙烯酯的东巴纸纤维

观察加入聚醋酸乙烯酯溶液后的东巴纸纤维图，整体上，纸张结构紧密，纤维排列整齐均匀，结合性较好，纤维分布方向基本一致（见图3.21、图3.23）；从纸张边缘较薄的地方拍摄细节图，显示纸张纤维纵向结合较好，纤维延伸性好，较长（见图3.22、图3.24）。

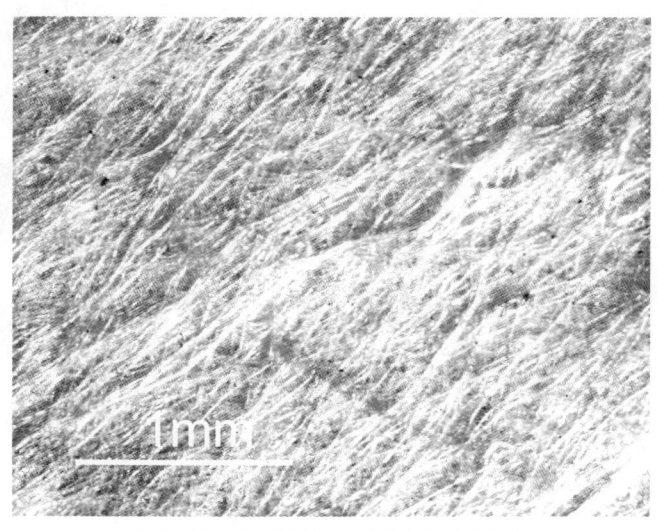

图 3.21 东巴纸 2—1 纤维图（整体）

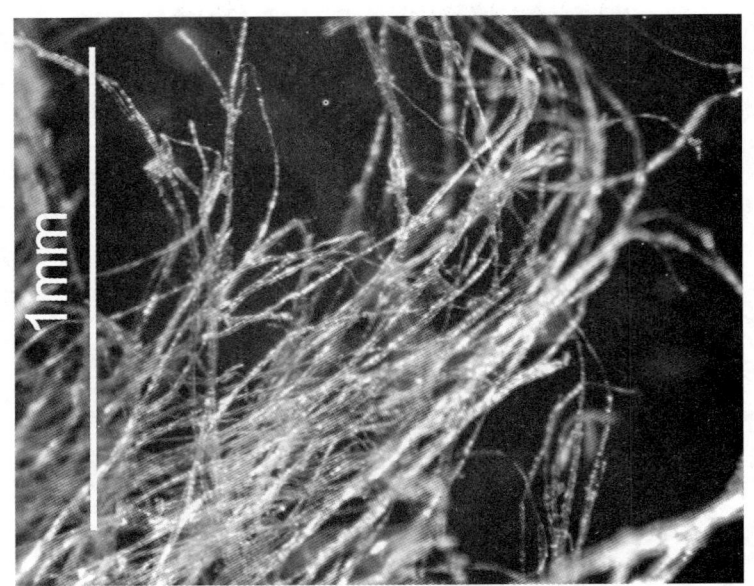

图 3.22　东巴纸 2—1 纤维图（细节）

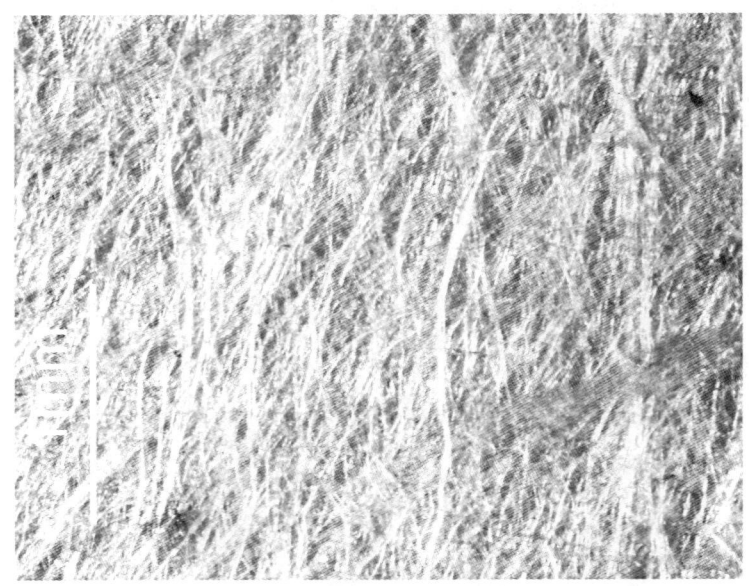

图 3.23　东巴纸 2—2 纤维图（整体）

图 3.24　东巴纸 2—2 纤维图（细节）

5．加入造纸挺硬剂的东巴纸纤维

观察东巴纸加入造纸挺硬剂后的纤维图，整体上，纸张结构紧密，纤维排列整齐均匀，结合性较好，但主要是纵向结合（见图 3.25、图 3.27）；从纸张边缘较薄的地方拍摄的细节图，显示纸张纤维多为纵向分布结合，纤维延伸性较好（见图 3.26、图 3.28）。

图 3.25　东巴纸 3—1 纤维图（整体）

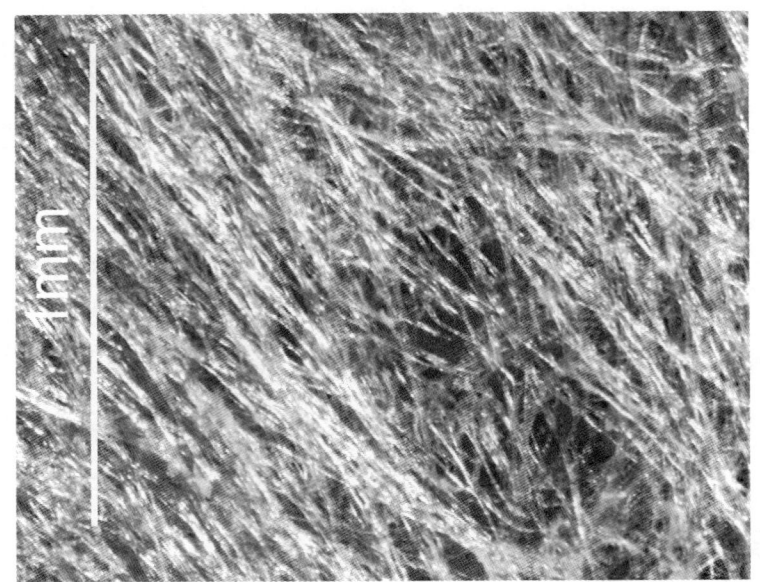

图3.26　东巴纸3—1纤维图（细节）

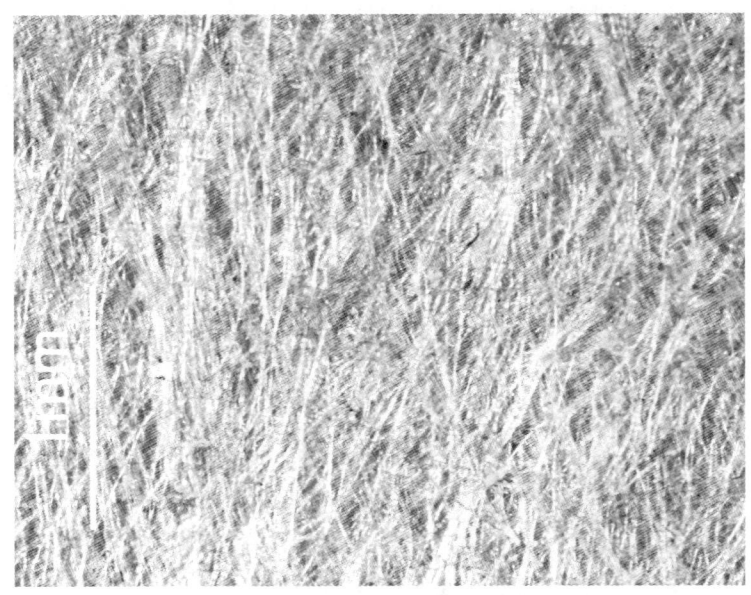

图3.27　东巴纸3—2纤维图（整体）

图3.28 东巴纸3—2纤维图(细节)

6．加入造纸增强剂的东巴纸纤维

观察东巴纸加入造纸增强剂后的纤维图，整体上，纸张结构紧密，纤维排列呈现明显的交错结合情况，纵横向的结合都比较好（见图3.29、图3.31）；从纸张边缘较薄的地方拍摄的细节图，能明显看出纸张纤维的纵横交错情况（见图3.30、图3.32）。

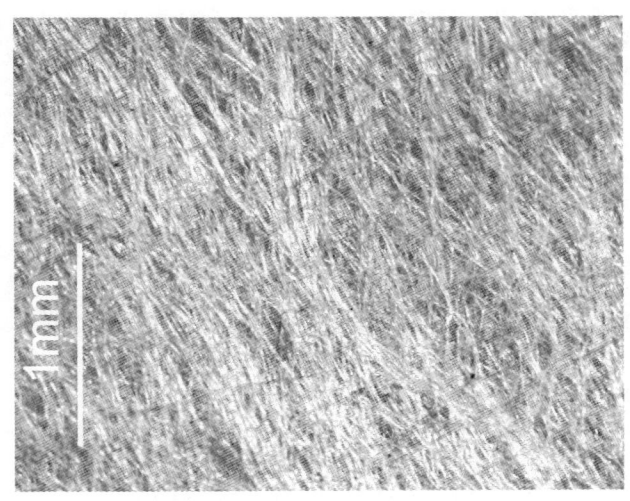

图3.29 东巴纸4—1纤维图(整体)

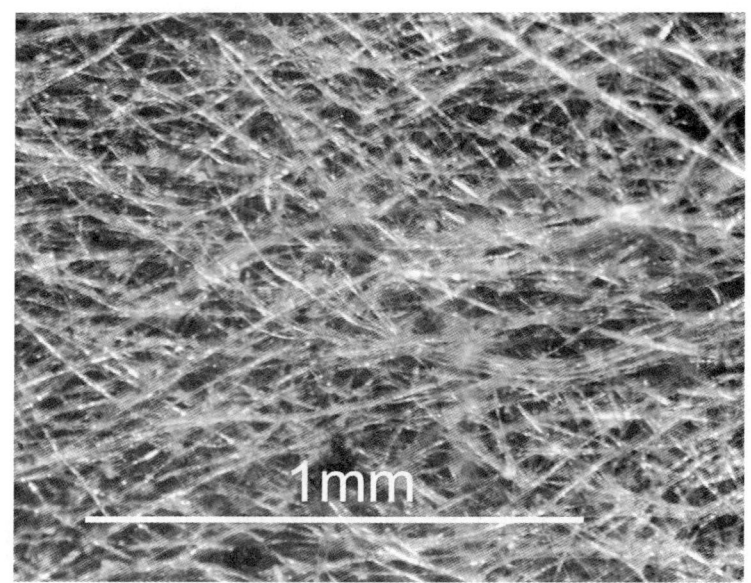

图 3.30 东巴纸 4—1 纤维图（细节）

图 3.31 东巴纸 4—2 纤维图（整体）

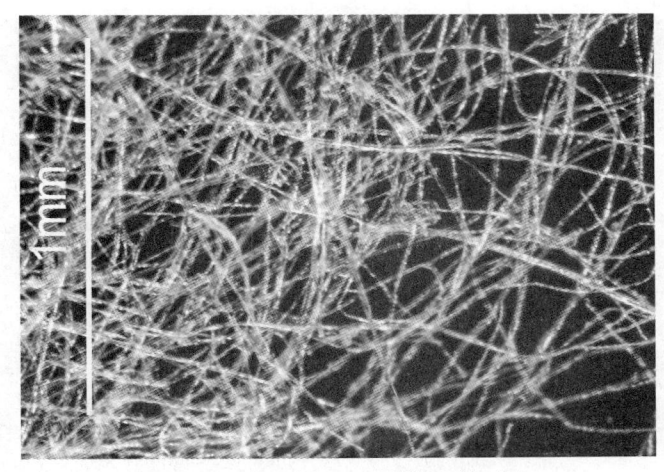

图 3.32 东巴纸 4—2 纤维图（细节）

7. 加入聚丙烯酰胺（PAM）的东巴纸纤维

观察东巴纸加入聚丙烯酰胺（PAM）后的纤维图，整体上，纸张结构紧密，纤维排列也呈现明显的交错结合情况，纵横向的结合都比较好（见图3.33、图3.35）；从纸张边缘较薄的地方拍摄的细节图，也能明显看出纸张纤维的纵横交错情况（见图3.34、图3.36）。

图 3.33 东巴纸 5—1 纤维图（整体）

图 3.34 东巴纸 5—1 纤维图（细节）

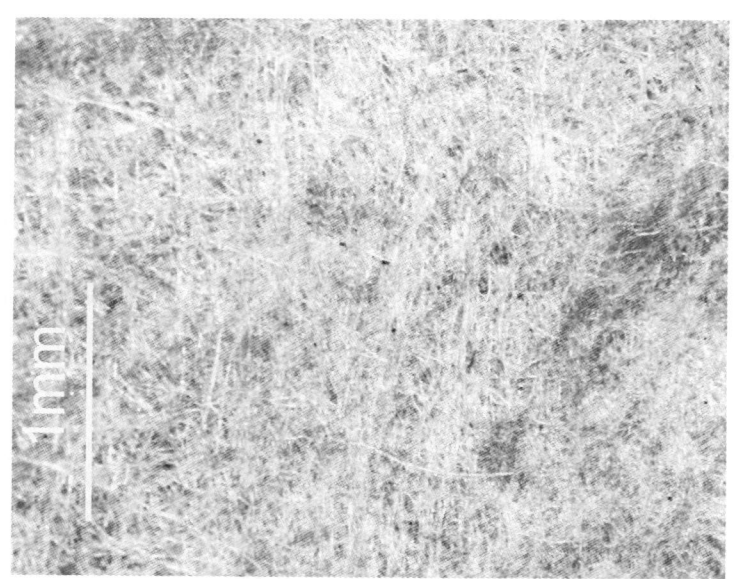

图 3.35 东巴纸 5—2 纤维图（整体）

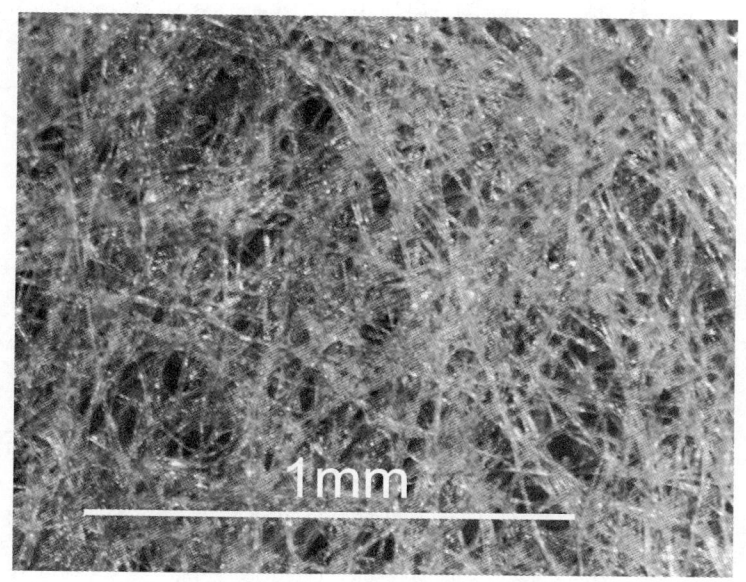

图 3.36 东巴纸 5—2 纤维图（细节）

综合上述图片分析，东巴纸在加入4种助剂以后，其纤维结合度都比较好，主要结合方式为纵向结合；其中加入造纸增强剂和聚丙烯酰胺两种试剂后，纤维明显呈现纵向和横向交错结合的方式，且两种方向的结合都比较均匀；其后进行的纸张物理性能实验中的结果也显示，这两种纸张的各项指标较高，相比其他纸张具有更好的耐折度和撕裂度，应该与其纤维的纵横结合方式有一定关系。这对于生产档案用纸和档案修复用纸是一种启发，如果使用手工纸张修复损坏的档案，可以考虑在制作修复用纸时，加入一定的新型助剂，可以提高纸张的性能。

3.3.2 云南东巴纸耐久性测试

对普通东巴纸和添加助剂的四种东巴纸进行定量、耐折度、撕裂度、抗张强度四项测试，结果如表3.3所示。

表 3.3 云南东巴纸试验数据

东巴纸	定量/(g/㎡)	耐折度/次	撕裂度/CN	抗张强度/(kN/m)
普通东巴纸	123.6	572	354.4	1.22
东巴纸 2—1	126.8	436	425.6	1.92
东巴纸 2—2	81.1	585	346.4	2.89
东巴纸 3—1	111.1	612	342.4	2.20
东巴纸 3—2	126.4	617	345.6	2.75
东巴纸 4—1	138.3	642	418.4	2.08
东巴纸 4—2	135.5	694	389.6	1.88
东巴纸 5—1	138.2	733	647.2	3.09
东巴纸 5—2	141.9	532	632.0	3.14

（1）定量数据分析。

分析定量数据可知，各种东巴纸都比竹纸定量高出很多，也比构树皮纸高。国家对书画纸的定量标准是26.0（±2.0）g/㎡～30.0（±2.0）g/㎡，东巴纸都达到该标准，说明东巴纸在定量这一指标上优于其他手工纸，但是由于厚度较大，超出标准范围过多，所以不适宜用于纸质档案的印刷、拓裱等工作。而且，东巴纸厚度也大于其他纸张，缺乏一份柔韧的感觉。影响东巴纸柔韧度的两个原因分别是：使用浇纸法制作，及没有加入纸药。

（2）耐折度数据分析。

测量耐折度数据时，东巴纸表现出独特的优越性，是参与试验的所有手工纸样品中耐折性最好的一类。其中，普通东巴纸取得的单项最高值达到1 194次，添加助剂聚丙烯酰胺0.1%浓度的纸张单项最高值达到

2 010次，是所有东巴纸测试中取得的最好值。从结果中还可以看出，添加助剂造纸挺硬剂、造纸增强剂和聚丙烯酰胺后的东巴纸，耐折次数明显提高。因为东巴纸比较厚，实际使用过程中确实存在容易被折断而损坏的情况，所以应考虑在修复破损的东巴纸时，专门制作一些添加一定助剂的新型纸，可以改善东巴纸的耐折性，延长其使用寿命。根据试验结果分析，添加0.1%浓度的聚丙烯酰胺效果比较理想。

（3）撕裂度数据分析。

分析撕裂度数据，东巴纸性能最好，其次为构树皮纸，最差的是竹纸。在几种东巴纸中，添加浓度为0.1%聚丙烯酰胺所取得的数据最好。试验过程中，每一次撕裂的纸张数量都有比例，以方便后续结果的计算，一般使用1张纸、2张纸、4张纸、8张纸等以此类推。竹纸需要使用4或8张纸，构树皮纸使用2、4或8张纸，而所有东巴纸均只能使用1张纸才能撕裂。其中，添加浓度为0.1%聚丙烯酰胺制成的东巴纸，实验中很多都无法用仪器撕破，结合其电子显微图观察，与其纤维的纵横结合度高有关。国家轻工行业标准中，对宣纸撕裂度的标准是"撕裂度纵横平均，特种净皮类不小于343，净皮类不小于294，棉料类不小于245"，可见东巴纸有较好的性能。由于手工纸纵横向区分度不高，取得的样品数量有限，所以我们依据东巴纸的帘纹区分出纵向结构，只测试纵向撕裂度，对其纵横向撕裂度平均值有待进一步研究。

（4）抗张强度数据分析。

分析抗张强度数据可知，东巴纸比竹纸和构树皮纸优越很多，说明在同样强度的拉力作用下，东巴纸最不容易被损坏。其中，添加助剂聚丙烯酰胺后制作的东巴纸性能最好，其抗张强度值远远高于普通东巴纸。

最后，再通过肉眼观察和用手触摸各种纸，发现普通东巴纸是其中最柔韧的，手感最好；添加聚醋酸乙烯酯溶液的纸比较薄，有的地方不够均匀，手感不及普通东巴纸；添加造纸挺硬剂的纸比较硬，没有柔韧的感觉，手感也没有普通东巴纸好；添加造纸增强剂和聚丙烯酰胺的纸，是其中最硬最厚的，手感也最差。

综合上述试验结果分析，与竹纸和构树皮纸比较，东巴纸的综合性能是云南所造的手工纸之中最好的。在添加造纸常用助剂后，其性能明显得到提高，特别是添加聚丙烯酰胺这种材料的东巴纸，在定量、耐折度、撕裂度、抗张强度几个指标上提升非常明显。关于纸张的性能测试还有很多内容，有待进一步研究。但是，添加助剂以后，东巴纸的触摸感受都受到一定影响，失去了原纸的风貌，所以，对于助剂的添加种类、添加浓度，还需要继续研究。总之，本书的试验和尝试是有积极意义的，对于如何改善手工纸的性能，提高手工纸档案的耐久性，做出了新的尝试。

第4章 云南藏纸档案耐久性研究

4.1 云南藏纸档案概况

藏纸历史档案是指藏族人民用居住地特有的狼毒、荛花等原料通过手工加工处理，制作出纸张记录其文化、生活、社会、历史等信息而形成的档案。藏纸历史档案包括公文、契约、经卷、函、古籍等，主要用藏文书写。以往的少数民族档案研究中，关于藏族档案的载体形式区分为：石刻档案、摩崖档案、器物档案、竹木档案、布帛档案、羊皮档案、瓷文档案、贝叶档案、纸质档案几种。[1]但只有少部分学者关注藏族纸质档案的具体构成，即大多数学者没有具体区分其载体是藏族自己制作的狼毒纸，还是普通构树皮纸，或是其他纸张。本书试图通过研究藏族手工造纸工艺，具体了解藏纸这种特殊的档案载体材料。

关于藏族的起源，有三种说法，第一种是"猕猴变人"说，在达赖五世撰写的《西藏王臣记》中载有传说；第二种是"羌即是藏"的说法，我国古代史料中认为，古代藏族源于西羌之"发羌""唐旄"等部；第三种是"南来说"，认为藏族是从印度迁移过来的。本书调查的藏族居住于云南迪庆藏族自治州，很多藏学者和迪庆藏族自治州区域的藏民都执香格里拉藏民"北来说"，认为居住在迪庆藏族自治州区域的藏民于唐初随松赞干布的征讨迁入迪庆藏族自治州境内；另据考古结果证实，迪庆藏区早在旧石器晚期就有居民生息繁衍。[2]从"北来说"中可以看出，现居迪庆藏区的藏族应该与居住于西藏的藏族有交流和融合，其中造纸术是否因此由西藏传播到迪庆，或是从内地传入，需要进一步

---

[1] 华林：《藏文历史档案研究》，云南大学出版社2006年版，第3页。
[2] 杨旭黎：《迪庆史话》，云南民族出版社2007年版，第4-6页。

考证。

藏族地区的造纸业生产历史悠久,手工造纸源远流长。公元650年左右,造纸法就由中国内地传入西藏。《旧唐书·吐蕃传》记载,松赞干布时期"因请蚕种及造酒、碾、纸、墨之匠,并许焉"。一般认为这是西藏造纸之始,也可以认为,藏族地区的造纸业已有上千年的历史。

1957年美国著名纸史专家亨特（Dard Hunter）在其著作《造纸:古代手工的历史和技艺》（*Papermaking: The History and Technique of an Ancient Craft*）中发表了3张关于藏纸的照片,首次向外界介绍藏族的造纸技术。国内学者对藏族手工造纸的研究起于1979年出版的潘吉星的著作《中国造纸技术史稿》,该书对藏族的手工造纸有专门叙述,指出藏族手工造纸的原材料主要是狼毒草。1994年房建昌发表《西藏传统造纸史考略》一文,引用大量清代档案,分析了西藏的造纸业,认为西藏的造纸原料中还有构树皮和竹等,对藏族造纸工艺的发掘研究做出了重要贡献。1996年西藏大学的索朗仁青等人发表《传统藏纸生产工艺及开发前景》,列举出西藏各地生产的手工纸类型,有朗县生产的金东纸、吉隆县生产的堆纸、八一镇生产的贡布纸、错那县生产的珞渝纸、聂拉木生产的聂拉木纸、尼木县生产的尼木纸、拉萨县生产的石青纸以及四川德格县生产的丁秀纸。2002年次旺仁钦在《藏纸考略》一文中,也谈到藏族地区生产的手工纸,影响较大的地区有拉萨、门隅、塔布、工布、尼木、桑昂曲宗、措那、后藏及康区,还有不丹和洛门等地。2004年,张建世发表《德格藏纸传统制作工艺调查》一文,在实地考察的基础上对德格藏纸生产工艺做了基本介绍。2007年,李晓岑通过实地调研,对四川德格县和西藏尼木县藏族传统造纸进行实地考察,发表《四川德格县和西藏尼木县藏族手工造纸调查》一文,文中叙述两地藏族手工造纸的背景、工艺流程、工具及产品使用,分析了藏族造纸技术的原料、来源及文化特征,指出藏纸的制作工艺不同于中国内地的抄纸法造纸,而是属于印巴次大陆和东南亚常见的浇纸法造纸。2009年,索朗仁青、古格·其美多吉发表《西藏传统藏纸工艺调查》,文章通过对西藏著名的藏纸生产点金东造纸坊和尼木造纸点等地的实地调查,较详尽地介绍了藏纸的原料来源、生产流程和工艺技术,为今后进一步探讨藏纸的历史渊源和发展进程提供了基础依据，并且认为现代藏族的手工造纸根据原材料的来源不同，可以分为三种类型：（1）以瑞香科植物等矮小灌木树皮为原料的造纸工艺；（2）以狼毒草等植物根系为原料的造纸工艺；（3）以废纸为原料的再造纸工艺。此外，牛治富主编的《西藏科学技术史》一书中，还提到藏族用于造纸的原料还有山茱萸科的灯台树，杜鹃科的野茶花树，喜马拉雅山麓生长的三桠皮，竹等。①

  以上这些对藏族手工造纸工艺的调查研究，以西藏地区的藏族传统手工造纸为主要研究对象，兼及四川省德格县手工造纸，研究内容包括原料来源、生产流程、工艺技术和产品用途等，并没有涉及云南省西北部藏区的藏族手工造纸技术。在《中甸县志》《新编中甸志书稿本》《中甸篆修县志材料》《云南民族手工造纸地图》《云南少数民族手工造纸》等著作中都记录中甸藏区有藏族手工纸的生产，但是都非常简单，未有深入介绍。此外，《云南民族手工造纸地图》一书中记载尼西乡新阳行政村下属的枪朵自然村中曾经有藏族手工纸生产。《云南少数民族造纸技术的调查和研究》中也提到"中甸的藏文写经纸在质量上相差较大，有的纸质较薄，有的较厚。据中甸松赞林寺的喇嘛说，大多数藏文写经用纸来自西藏"。

  2006年由西藏自治区申报的藏纸制造工艺被列入第一批国家级非物质文化遗产名录。对藏纸工艺的发掘、研究进入新的时期。滇西北藏族地区作为传统的藏族聚居区，保存着原生态的藏族传统文化，手工造纸工艺仍然能够觅其踪迹。云南省藏族手工造纸的研究至今仍未得以深入进行，为对云南省滇西北藏区的藏族手工造纸的原料来源、工艺流程进行深入了解，2011年6月，笔者对滇西北迪庆州香格里拉市尼西乡枪朵村的藏族传统手工造纸进行了考察，并且在当地藏族群众的带领下采集部分造纸所用的原材料带回分析。由于当地已经没有造纸生产活动了，云南省内其他地方也未发现制作藏纸的记录，所以没有取得藏纸的样品用于试验分析，非常遗憾。

  目前存世的藏文历史档案很多，不论其是用本书所记录的藏纸书

---

① 牛治富：《西藏科学技术史》，西藏人民出版社2003年版，第271页。

写，还是用其他手工纸张书写，从手工造纸技术切入研究，分析其纸张耐久性，会对更好地了解和保护这些档案起到积极的作用。目前，纸质藏文历史档案在国内的分布地点有：西藏自治区档案馆，青海省塔尔寺，甘南藏族自治州的拉卜楞寺，四川省甘孜藏族自治州，北京民族文化宫图书馆，北京图书馆，中央民族大学图书馆，北京藏学研究中心及社科院民族研究所等单位；另外藏族地区的很多印经院、寺院、国内其他有关研究机构或个人，都保存有藏文历史档案。[①]

实地调查时，笔者首先到迪庆藏族自治州藏学研究院了解当地藏文档案有关情况，该院负责翻译编研藏文历史档案的丹增老师，向笔者展示了该机构收集到的部分藏文历史档案，确实是用手工纸作为载体进行记录，但具体是使用何种手工纸，还不能确定。丹增老师介绍说，该研究所参与过文化部古籍普查工作，并协助出版"国家少数民族古籍提要"的目录。原来当地公安局保存有很多历史档案，重新划分土地后被大批烧毁。研究所目前收藏的藏文历史档案约有大小不等200多件，大多是由手工纸书写，纸张保存完好，出现破损情况的较少。因"文化大革命"时期烧毁过大量档案，现在留存的大多是清末、中华人民共和国成立初的一些档案，都放在香樟木柜中，没有防虫措施；因为保存不善，有少量原件存在破损和虫蛀的情况。使用藏文书写的历史档案正在进行编译工作，藏文字体一共有六七种，分别又有正楷、草书，在书写官方文书时没有限制，各地区也不一样；维藏多用草书，安多常用正楷，各种书写体的不同，给档案编译工作带来很大难度。档案中印章多用圆形，官方通用；契约类档案则有较多的刻印。藏文历史档案一般会规则折叠，有骑缝印，折叠之后的封面会垂直书写类似题名或某某人收文的文字描述，方便查找使用；经实际观察发现，有折叠痕迹的地方，纸张没有出现折断的迹象，说明纸张耐折度较好。档案一般使用藏族自己制作的木笔（类似筷子）蘸松烟墨书写，墨以前是自制，现在为购买。此外，目前能收集到的手工书写的藏文经书已经很少，多数被烧毁了；但是还能收集到印刷的版本。该研究所的藏文历史档案主要由丹增老师负

---

① 华林：《西南少数民族历史档案管理学》，民族出版社2001年版，第129页。

责翻译，他精通藏、汉两种文字，多年来接触了大量原始文书档案，他对档案保护工作也有极大兴趣，希望能够对现存藏文历史档案进行更有效的保护。

　　由上文可知，迪庆藏族使用木笔书写，近代著名藏学家任乃强先生遗作《西康图经》之"民俗篇"中记录："竹书为印度古制，藏文书法仿于印度，故亦采用竹笔也。竹笔写字，与钢笔同，并无不便；惟吸墨太少，手法拙者，未完一字而墨已罄。故书藏文者，例有一墨海，时时竹入笔蘸墨。其墨海完全系内地制法。此亦西藏文化与中原文化有关之处。"[①]藏族使用木笔或竹笔，纳西族也使用竹笔，使用这种笔书写时所用纸张过薄则纸容易被划破，所以两地使用的纸张都不能过薄；且两地都使用浇纸法造纸，用这种方法造出的纸都比用抄纸法造的要厚一些；由此推测，藏纸应该有一定的厚度，不宜制作得过薄。藏族的书写材料、载体材料、纸张制作方法，三者应该是在互相影响、相互选择的过程中逐渐稳定下来，成为人们约定俗成的习惯。所以在考虑改变纸张制作方法以加强纸张耐久性时，还要充分考虑到使用纸张的民族的文化习惯。

---

① 任乃强：《竹笔草纸指托书》，载《中国西藏》（中文版），2003年第5期。

4.2 云南藏纸制造地区实地调查——迪庆藏纸

迪庆州尼西乡有传统手工藏纸制作的记载。尼西乡位于迪庆州香格里拉市西北部，拥有得天独厚的气候和地理区位，禀赋丰富的自然资源，森林覆盖率达67%，其中造纸所需要的瑞香科植物就遍布在境内海拔2 300～4 200米的山区中，尤其是狼毒草多产于干燥而向阳的高山草坡、草坪或河滩台地上。数量众多的林地为造纸植物生长提供了充足的生存空间，为造纸植物原料的长期持续性供给提供了稳定的原材料。

尼西，元属大旦当，明嘉靖五年（1526年）后为木氏土司占领。清雍正二年（1724年），中甸归属云南省后设尼西境。民国时期为第四区，1940年改属宜旺乡。1950年中甸解放后设尼西区，1958年底建立尼西人民公社，1962年改为区，1968年撤区建乡。2009年底全乡总人口6 681人，境内居民以藏族为主，其他居民有汉族、纳西族、傈僳族等，其中藏族人口占98.8%，是传统的藏族群众聚居区。本书调查的枪朵村就是一个藏族聚居的村落。

尼西乡历史上素有茶马古道家园的美称，是一个重叠着多元文化的地方，从地下数以千计的石棺墓群到地面上流传甚广的尼西情舞、大锅庄、黑土陶、精美的木器制品以及绚丽的民族服饰都蕴含着丰富和重要的文化研究价值，尼西的民族文化奇妙地保存了藏族、普米族、纳西族的古老神韵。以藏传佛教为主的宗教文化、尼西情舞为主的藏族传统文化、汤堆黑陶和上桥头木制工艺品为主的藏族工艺品文化，是尼西乡藏族文化的典型。浓厚的藏族传统文化的社会氛围为保存原生态的手工造纸工艺提供了社会基础和外部环境，而各种少数民族文化的长盛不衰和交流融通也为民间传统造纸工艺的复兴提供了可资借鉴的文化环境。

枪朵村隶属于尼西乡新阳行政村，属于半山区，农民收入主要以种植业为主，比较贫困。枪朵村所在地区水源比较缺乏，村民生活、生产用水非常紧张，而造纸需要大量的水资源作为保证，尤其是需要大量的流动水源。从历史上枪朵村造纸兴盛的状况能够断定此地当时应该有大量的流动性水源，而中华人民共和国成立后藏族手工造纸日渐衰落直至停滞，一定程度上与枪朵村的周边环境发生变化、流动性水源减少有关，而水源的减少又一定程度上加剧了当地农村经济的贫困。

据民国时期的《中甸县志》记载："枪朵旧名为纸坊"。枪朵村既然能够被称为"纸坊"，极大可能与此地民国时期及更早时期造纸作坊数量众多有关，而且造纸的延续历史应该很长。尼西乡枪朵村藏族手工制造的纸被称为"龙巴纸"。据传，枪朵村藏族的造纸术，一是清朝初期达赖喇嘛派僧官到迪庆掌教时传入，二是清朝雍正时期由当时驻扎在尼西的清军或随军的工匠所传授。可知枪朵村的传统手工造纸已经有近300年的历史。枪朵手工纸是中甸松赞林寺、德钦东竹林寺以及四川的里塘寺书写经文的首选用纸，民间的书信往来以及书写地契、借据等也多用"龙巴纸"。民国时期的《中甸县志》中有关归化寺部分中记载："现在县政府每年照案发给归化寺粮银油数目……土纸九千张……"；在工艺部分中记载"……中甸工业落伍，现虽有木工、石工、窑工、垩工、铜工、铁工、缝工、织工、纸工、陶工，……纸工亦只能造草纸及缮写藏文之树皮纸……"。此处的"树皮纸"应当是中甸地区民间工匠手工造纸。另外，清代光绪年间篆修的《新编中甸志书稿本》中的《归化寺记》中记载："蒙皇恩准，于中甸五境征收银粮内，……以及盐、铁、毛毯、麻布、土纸等项……""土纸"也应该为书写经文的手工造纸。1932年《中甸篆修县志材料》记载："县属工业幼稚，仅造草纸、土纸两项，亦不过土法制造，并无化学专门，共有六十三人……"1943年，"年产草纸万余张，土纸千张"。

1949年前，枪朵村12户中有8户从事造纸，他们以户为单位开设造纸作坊，在20世纪40年代到达鼎盛时期。中华人民共和国成立后，由于机械工业造纸的剧烈冲击，加之各寺院用纸的数量也大为减少，枪朵村造纸的产量逐年减少，"文化大革命"期间枪朵村造纸生产完全停止。现在枪朵村中已经找不到当年造纸的工具设备、场所遗迹了，再加上枪朵村生活用水和农业灌溉用水都比较缺乏，这也许是该村藏纸很难继续恢复的原因。目前，能够基本掌握枪朵造纸技术的只有几位年事已高的老人，其中名叫七主的老工匠已不在人世，因此笔者采访了当时67岁、名叫知古的老工匠。村中还有其他几位老人虽然也了解一些造纸的过程，但很多都是零星的描述，配合着知古老工匠的详细描述，加上其他几位老人的补充，笔者能够基本上了解历史上枪朵藏族造纸的原料、工具、工艺流程和纸张使用范围。根据村里老人的叙述，枪朵村以前是驿站，20世纪40年代是茶马古道必经之路，当时村中共12户人家，其中汉族有4户，造纸技术是由外来的人传入的，当时在驿站里各少数民族之间有很多技术上的交流

4.2.1 迪庆藏纸原料

尼西乡枪朵村藏族手工造纸使用的原材料是附近山上天然生长的两种植物，一种植物被当地藏族群众称为"蜀戈摩"，另一种植物被当地藏族群众称为"蜀斯摩"。经过仔细辨认，"蜀戈摩"与三坝乡白地村造纸使用的植物原料相同，都是瑞香荛花，"蜀斯摩"为瑞香狼毒。瑞香荛花用于造纸的部位是地上茎部的树皮内侧，即靠近树干的白色内皮部分。瑞香狼毒使用的则是地下根部，主要为靠近树根内侧的内皮。

尼西的荛花和三坝的荛花是同一种，但是6月份尼西荛花普遍开花，与三坝乡白地村生长的瑞香荛花相比，尼西乡枪朵村的瑞香荛花叶片较小，茎杆较细，开花时间早（见图4.1、图4.2），这可能与尼西乡枪朵村处于海拔较高的山区有关。该村周围，瑞香荛花生长的山地气温较高，降水量少，土壤贫瘠，肥力不足，水分缺乏，导致花期提前，生长缓慢，而且枝条比较细，不容易剥下外皮。

图4.1 尼西乡枪朵村荛花（1）

图4.2 尼西乡枪朵村荛花（2）

瑞香狼毒为多年生草本植物，植株高20～50厘米。根茎粗大、木质，根皮黄色至棕褐色。茎丛生、直立、不分枝，光滑无毛。叶互生、密集，长1～3厘米、宽2～8毫米，椭圆状披针形（见图4.3、图4.4）。头状花序球型、顶生，花多数，花颜色变异较大，有白色、浅红色、黄色和紫色，具绿色总苞；花萼筒细长，长约8～12毫米、宽约2毫米，通常5裂，具明显纵纹；雄蕊10枚，2轮，着生于花萼喉部至萼筒中部；子房椭圆形，1室。小坚果卵型，黑褐色，为花萼筒基部包藏。花期4～8月，果期7～10月。狼毒全株有毒，根茎毒性最大。狼毒主要含有高分子有机酸，萜类树脂，瑞香狼毒素，狼毒素、异狼毒素等黄酮类化合物，茴芹内酯等香豆素类成分，以及木质素成分，此外还含有尼地吗啉等二萜成分；有毒成分主要为高分子有机酸和瑞香狼毒。狼毒草的根部有三层：外表层是黄色至黑褐色的外皮；内层是白色的韧皮，主要是长长的纤维，是造纸用原料；中心是白黄色的根芯。

图4.3　尼西乡枪朵村狼毒（1）　　图4.4　尼西乡枪朵村狼毒（2）

4.2.2　迪庆藏纸制造工艺

笔者于2011年6月到达香格里拉市尼西乡枪朵村进行实地调查，该村全部为藏族，村民中只有少数人会说汉语，基本的交流都用藏语。藏族手工造纸的工艺流程、工具设备都来源于藏族造纸工匠的描述，现在已经见不到这些造纸所使用的设备了，也不能把整个造纸的工艺流程演示出来。

根据藏族造纸工匠的描述，具体的藏纸制造工艺流程为：采集原料—浸泡原料—去除黑皮—煮原料—洗涤——一次舂碓—二次舂碓—浇纸—干燥—揭纸。

（1）采集原料。首先到村子附近的山上采集瑞香荛花和瑞香狼毒。瑞香荛花遍布于附近的山上，山坡上几乎到处可见荛花生长，采集时只砍伐荛花地上的树干部分，并不伤及荛花的根部。砍伐荛花枝干时，选择生长期3年以上、枝干较高的，生长期短、枝干矮小的留待以后再采集。瑞香狼毒在附近的山坡上分布密度较小，采集时要将其连根拔起，只取其根部使用，因此对山地的生态环境存在一定破坏。由于枪朵村的海拔较高，此处生长的荛花比白地的要低矮很多，枝叶也较纤细。

（2）浸泡原料。分别将瑞香荛花枝干和瑞香狼毒根部剥皮，将上述两种原料以1∶1的比例绑成一捆，泡在常温水中3个小时左右，方便去除其表面的黑色外皮。

（3）去除黑皮。剥下的原料经过浸泡后，去除黑皮就比较容易了。瑞香狼毒根皮需要除去黑色外皮，留下次外层韧皮；而瑞香荛花需要除去树皮的外层黑表皮及次层青皮，仅留下内部白色韧皮；最终，均保留两种皮料洁白无杂色的韧皮部分。再将皮料沿纤维生长方向撕开成细丝状，然后放入大盆中，使其呈现蓬松状，皮料越细越能够节省后续加工的时间。此处藏族处理原料时先把需要的皮料纤维撕碎，与其他地区的原料处理方法不同。

（4）煮原料。将细丝状的原料混合放入大铁锅内，铁锅中的水要完全淹没过原料，并且在煮原料的过程中要加入草木灰，一锅加入3~4碗，质量1~1.5千克，多放一些也可以。盖上锅盖，用木柴烧火煮沸两种树皮的混合原料。煮原料过程中不能让水烧干，应随时加水以保持水淹没过原料。同时，不间断地用手摸摸原料是否煮软。煮原料的时间可依火候的大小程度来定，直到煮透、煮软为止，一般需要煮沸2~4小时。煮原料的水会由黑色慢慢变为黄色，皮料中的黄色物质以及木素会首先分解后溶解于沸水中。在这个过程中，原料纤维整体断裂较少，但是机械强度已经降低。加灶灰可以起到碱性作用，能够使纤维得以尽快分解断裂，让原料熟得快以缩短煮的时间。

（5）洗涤。将煮软的原料捞出，用清水将残余的草木灰剩渣洗涤干净，洗得越干净越好，越不容易发霉。可以在其煮热的时候直接捞出来放到冷水里洗涤。

（6）一次舂料。在石臼内用木碓舂原料，舂得越细越好。此时，一次舂碓过程可以把树皮的韧皮纤维完全横断为数段，纤维长度分裂成为原来的十分之一，大部分纤维可以达到厘米级的长度，甚至还可以短至毫米级。

（7）二次舂料。使用大的酥油茶筒舂原料，舂时加入清水可以舂得更细，成为纸浆。知古老工匠形容要舂得像软饵块、糯米粑粑或者稀饭一样。二次舂原料的过程中，纤维继续横断分裂，大部分纤维可以达到毫米级长度，而且纤维与纤维之间的交织更加均匀。

（8）浇纸。在水槽中放入清水，将纸帘放入水槽，把适量舂好的纸浆放入纸帘上与其间清水混合，用手前后左右搅动使纸浆纤维分布均匀，不能出现明显分布不匀的纸浆。静置片刻后即可出水，出水时两手要将纸帘水平抬起，移动要缓慢且匀速，以保持纸浆分布浓度的均一性，防止纸浆浓度和排列发生改变。尤其是在纸帘平面即将出水的一瞬间，更要保持水平匀速。稍等纸帘滤掉水分后，将纸帘反扣到光滑木板上并用力按压片刻。木板一般宽0.4米左右，长为2米和4米两种规格。在2米长的木板上一般可以覆盖上制成的2张纸，4米长的木板上一般能够覆盖制成的4张纸；相邻的2张纸之间，间隔4厘米左右（造纸工匠说是两指宽）。可以推断出一张纸的规格大约为0.4米×0.95米。制造一张纸一般用一碗纸浆，2米长的木板覆盖两张纸一般要用两碗原料，以此类推。如果要制成稍微厚一点的纸，就要多放一些纸浆，浇出的厚纸可以用于双面书写；相反要制成薄一点的纸，就少放一些纸浆，浇出的薄纸只能写单面，质地和通常使用的书写用纸差别不大。

（9）干燥。当地干燥纸张的方法，是将覆盖有纸张的木板放在太阳下晾晒，因此造纸的最佳时间是晴天。工匠们一般选择在夏天农闲时造纸，此时不仅树皮容易剥离，而且天气晴朗方便晾晒，节省造纸时间，缩短造纸周期。

（10）揭纸。晒干后用小刀将干透的纸从木板的角边揭开，慢慢插入小刀，将纸整齐地从木板上剥离下来。干透的纸不会生霉，书写以后也不会有发霉的情况。

造纸工具：

造纸的工具设备，基本上都是工匠自己制作的，取材于身边的材料。

（1）铁锅：用于蒸煮原料，一般也可以用于家庭日常做饭。用取自于附近山上的木柴为燃料。

（2）石臼：用于舂细纸料，和木碓配合使用，通过木碓上下反复地舂，实现树皮纤维的初级分裂。

（3）酥油桶：藏族家庭日常使用的酥油桶，香格里拉藏语称为"苏腊"，这种桶一般高1米左右，直径约16厘米。做酥油桶的木料一般为红桦木或红松，雅鲁藏布江中下游一带的红桦木，更是做酥油桶的好材料。酥油桶一般由两个部分组成：一部分是桶筒；一部分是搅拌器，通常称为"甲洛"，香格里拉藏语称为"虽叻"。通过搅拌器的搅动实现纸浆的分散细化。

（4）水槽：长方形，用砖块砌筑或者以木头深雕而成，用于盛水、容纳纸帘及纸浆。规格略大于纸帘的尺寸，根据造纸工匠的描述，规格大约为0.5米×1.1米，深度约为0.3米。

（5）纸帘：包含竹帘的工具，长方形，规格大约为0.4米×1.0米，用于抄造纸张。藏族造纸工匠形容竹帘间隔和针一样细，间隔距离应该不超过1毫米。制作竹帘的竹片也要像竹签一样细，接近于藏香的细度，宽度为2毫米左右。纸帘两端应该有便于操作的把手，以便于翻转往木板上反扣覆盖湿纸。

（6）晒纸用的木板：用于承载湿纸，并且分块晾晒，所以要准备很多块这样的木板。木板一般宽0.4米左右，长为2米和4米两种规格，厚度不详，但是应该不会很厚。因为需要使用很多块木板，而且木板长度较大，所以木板重量应该以一个人能够方便操作为宜。

根据枪朵村知古等老工匠的叙述，历史上尼西乡枪朵村藏族手工所制造的纸，质地很薄，接近现代人们通常使用的书写纸，主要用于书写佛教经典；枪朵村作为茶马古道的重要必经之路，当地制造的手工纸也会借助交通的便利远销到西藏。如今在村里已经找不到中华人民共和国成立前用手工方法制造的纸张了，但松赞林寺以前曾使用这种藏纸书写经书，这类经书的纸张不会虫蛀发霉。

　　枪朵村藏族手工纸曾经还用于书写政府公文，主要是衙门里的契约类公文。每年枪朵村藏族要向朝廷上交一次藏纸用来代替赋税，这一点可以从《中甸县志》的记载中得到证实。经过调查了解，目前在云南省社会科学院迪庆州藏学研究院里，遗存有大量的古代政府公文，主要为衙门的契约文书，就是用手工纸书写的。

4.3 云南藏纸耐久性分析

由于云南省内已经没有工匠制造藏纸，也不能破坏现存的藏纸档案用于试验分析，所以没有取得纸张样品用于分析，只能从其原料的纤维图（见图4.5～图4.8）观察其造纸纤维。

图 4.5　尼西乡枪朵村荛花皮纵切面（1）

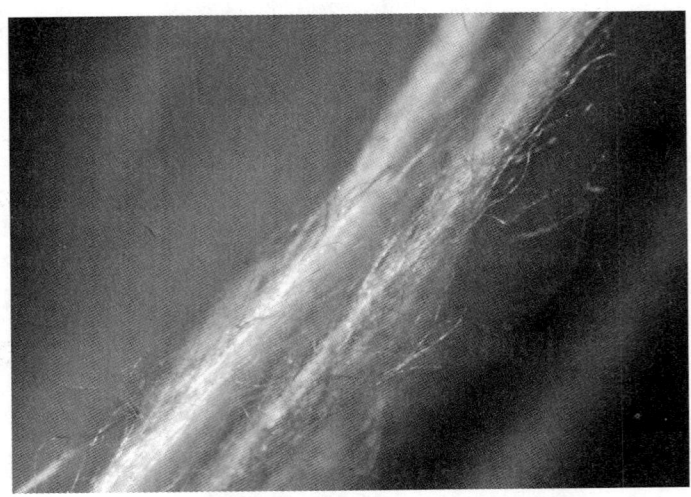

图 4.6　尼西乡枪朵村荛花皮纵切面（2）

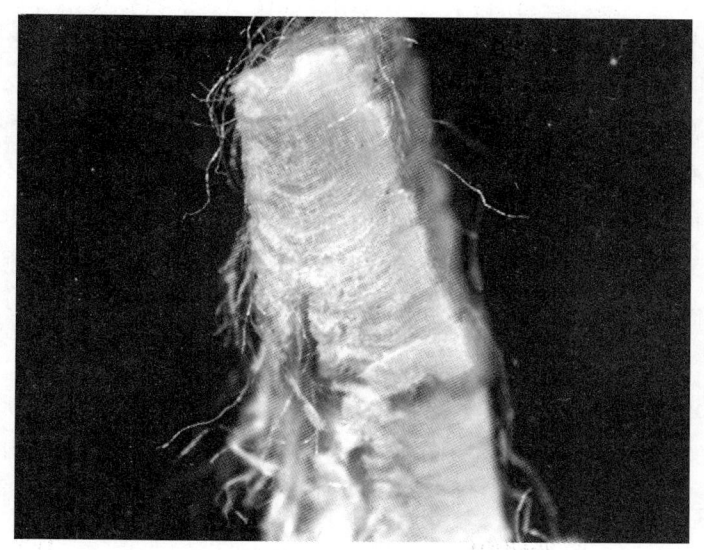

图 4.7　尼西乡枪朵村荛花皮横切面

图 4.8　尼西乡枪朵村狼毒根部外皮纵切面

分析以上图片，迪庆州尼西乡枪朵村的荛花树皮纤维与白水台吴树湾的荛花树皮纤维几乎一样，横向来看纤维结构比较紧密，纵向来看纤维比较细长；狼毒纤维没有荛花纤维那么紧密，但是狼毒本身具有毒性，也是一种较好的天然防虫剂，用于造纸非常适合。由于无法取得纸

张分析其有关性能，所以从其他方面初步做一些尼西乡枪朵村藏纸工艺的比较研究

西藏地区藏族手工造纸的原材料主要是狼毒草，四川德格藏纸也采用瑞香科狼毒草的根为造纸原料，而尼西乡枪朵村的藏纸原材料不再仅仅使用瑞香狼毒草的根，还加入了相同比例的瑞香荛花共同作为原材料。手工造纸的原材料主要取材于当地的原生植物，这是和当地造纸环境密切相关的。在其他藏族地区，瑞香狼毒草资源丰富，而在尼西乡枪朵村附近，由于气候较为干旱，瑞香狼毒草资源并不十分充足，而瑞香荛花却遍布附近山坡，再加之瑞香荛花的茎杆树皮中的韧皮部分也是造纸的良好材料，因此尼西乡枪朵村藏族造纸工匠在造纸时加入相同比例的瑞香荛花树皮也就可以理解了。另外，迪庆州内还有纳西族制造东巴纸，两个民族之间也存在一些交流的情况，所以可能是藏族借鉴了纳西族的造纸工艺，使用瑞香荛花作为原料。

西藏地区的藏纸、四川德格藏纸与尼西乡枪朵村藏纸制造中使用的树皮在采集后都要经过浸泡以便去除表面黑皮，留存白色的内部韧皮。浸泡清洗原材料可以提高树皮的使用质量，进而提高成品纸张的质量，缩短备料时间，是提高工作效率的有效步骤。各地的藏族造纸工艺都不约而同地采用了此种原料清洗方法。

在煮料阶段，四川德格藏纸和尼西乡枪朵村的藏纸制造工艺中都加入草木灰作为加速原料熟化的添加剂，而金东藏纸制造工艺蒸煮时的化学助剂有木炭灰和土碱两种，可任选一种进行，康玛纸坊主要用土碱汁，而甘木纸坊则主要用草木灰、木炭灰等灰汁。西藏尼木县藏纸则是煮料时加一点苏打粉，边煮边搅拌。草木灰、木炭灰、土碱、苏打粉的有效成分均是碳酸盐，使用的主要目的都是加速树皮原料的熟化，缩短煮料时间，提高造纸效率。

四川德格藏纸、西藏金东藏纸、尼木藏纸和尼西乡枪朵村的藏纸制造工艺都采用两次舂料的制浆技术，只是金东藏纸在一次舂料之后还要对树皮原料进行清洗，清洗后压榨沥干水分再清洗，反复清洗三四遍直到清洗干净为止。正是因为金东藏纸在两次舂料制浆技术中间加入清洗过程，所以造出的纸白度更高，纸质较轻，抗折耐拉，富有弹性。各地

藏纸使用的舂料工具各不相同，但是都能够达到制浆的目的。

在浇纸过程中，尼西乡枪朵村的藏纸与四川德格藏纸、西藏金东藏纸和尼木藏纸的差别很大，相同之处是所有的藏纸都是在每抄造一张纸时，仅加入一次纸张成型所需要的纸浆。尼西乡枪朵村藏纸浇纸采用活动纸帘，每抄完一张纸就使用一块晒纸木板进行晾晒，而四川德格藏纸、西藏金东藏纸和尼木藏纸都使用一纸一帘的方式，抄纸帘是在木制框架上紧绷一层纱布制成，每抄完一张纸就连同纸帘一起晾晒。尼西乡枪朵村藏纸需要大量的光滑木板来承载晾晒湿纸，而其他地区的藏纸则需要大量的纸帘。一帘一模的浇纸方式是传统手工藏纸制造工艺的最大特点，而尼西乡枪朵村的藏纸却使用了完全不同的活动纸帘。可见，枪朵村的藏纸抄造技术已经有所改变，并未完全承袭传统藏纸的浇纸工艺，可能是融合借鉴其他民族的手工造纸中的抄造工艺而形成的。最有可能对其造成影响的是白地纳西族，白地纳西族造纸工艺与其相似，且也使用木板晾晒。

在干燥纸张的过程中，尼西乡枪朵村藏纸、西藏尼木藏纸和四川德格藏纸都采用阳光下直接曝晒的方法，而西藏金东藏纸却是利用烘纸火房烘干抄纸帘上的湿纸。阳光晒干纸张能节约能源，但是却直接受天气影响，干燥速度也较慢；烘干湿纸可以节约湿纸的干燥时间，提高造纸的综合效率，但是会耗费大量燃料，而且如果燃料燃烧控制不当，燃烧产生的气体在一定程度上会对纸张寿命产生影响。

综合上述藏纸制造工艺的不同流程，从尼西乡枪朵村藏纸与西藏金东藏族、尼木藏纸和四川德格藏纸的对比来看，尼西乡枪朵村藏纸采用瑞香狼毒草的根和相同比例的瑞香荛花的茎杆共同作为原材料，很大程度上取决于当地自然环境的影响制约。降水较少的山区环境中瑞香狼毒生长较为困难，分布密度较小，而瑞香荛花生长较为普遍，而且瑞香荛花也是其他民族手工造纸的主要原材料，如纳西族的东巴手工造纸，因此在传统藏族的瑞香狼毒原材料中加入瑞香荛花符合尼西乡枪朵村藏纸的生产需求。

在藏族手工造纸过程中，尼西乡枪朵村藏纸浇纸采用活动纸帘结合光滑木板晒干，而四川德格藏纸、西藏金东藏纸和尼木藏纸均使用一纸一帘的方式浇纸抄造，纸张连同纸帘一起干燥。枪朵村的藏纸造纸技术为何没有完全继承传统藏纸的一纸一帘的浇纸工艺，而选择了与附近少数民族，如纳西族的东巴手工造纸相近的纸张抄造方式，还有待于进一步的深入研究。

在迪庆藏族自治州，东巴纸和藏纸制造工艺之间存在很多交流，两种纸张的性能分析、耐久性研究、档案保护等内容都需要继续探讨。

第5章 云南构树皮纸档案耐久性研究

5.1 云南构树皮纸档案概况

使用构树皮制作的纸张在云南民间有多种称呼，如"白绵纸""构树皮纸""楮皮纸""毛边纸""皮纸"等，这种纸张最突出的共同特征是都使用"构树皮"为原料，所以本书使用"构树皮纸"这一名称综合概括这类纸张。这类纸张质地与宣纸非常接近，应用广泛，用其记录的历史档案也是最多的。汉族、白族、彝族、壮族、傣族、藏族、水族、普米族等众多在云南生息的民族都使用这种纸张，给后人留下了大量纸质历史档案。为更加深入了解这类档案载体，本书从构树皮纸这种载体材料的制作工艺入手，分析其耐久性。

目前，云南少数民族纸张档案有很多流落海外。其中，国外彝文典籍收藏单位及收藏数量情况为：法国巴黎东方语言学院收藏30册，法国巴黎东方博物馆收藏4册，法国天主教外国教会收藏20册，法国巴黎国立图书馆收藏17册，法国巴黎民族志博物馆收藏2册，英国伦敦不列颠博物馆收藏8册。还有越南河内法国远东学院、迷哇基博物馆、美国国会图书馆、日本京都大学文学部等机构也有收藏，但是具体的入藏数量不明。纳西族东巴档案的流失情况最为严重，具体数据参见本书第3章。

在国内其他地区，收藏贝叶经历史档案的有中国国家博物馆、中国国家图书馆、民族文化宫、中国社会科学院民族研究所、中央民族大学、南开大学等机构，数量有千卷左右。此外，复旦大学、北京法源寺、青海省博物馆、西安药物研究所等处，也保存有少量贝叶经。纳西族东巴档案在云南省外国内其他机构收藏情况为中国国家图书馆收藏3 000余册，中央民族大学图书馆收藏约2 000册，南京图书馆收藏约1 000册，台北故宫博物院收藏1 300余册。彝族聚居于云南、贵州、四川三省，因此这西南三省收藏的彝文历史档案也相对集中。贵州省彝文历史档案收藏单位与个人有贵州省博物馆、贵州民族学院、六盘水市民委古籍办，其收藏数量尚不明晰。毕节市彝文翻译组收藏2 500册、威宁县唐文康收藏140册、水城特区唐开贤收藏66册、盘州市民委收藏2 867册。四川省彝文历史档案收藏单位与个人有凉山奴隶制博物馆、凉山州编译局、越西县中所乡4册、越西县语委5册、布拖县语委13册、喜德县语委8册、会理县语委31册、马边县语委21册、马边县公安局20册。在国内其他地区，彝文历史档案的收藏单位有广州中山大学、天津南开大学等。

在云南省内，少数民族历史档案的典藏非常分散，而且档案文献的消失、流转情况不易掌握，因此历史上的档案文献调查只能显示出其典藏概貌，在很多调查资料中，还缺乏对档案载体材料的准确记录，为档案保护工笔者全面研究这些历史档案，提出保护意见带来很多困难。其中，使用纸质材料作为载体材料记录档案的民族主要有：

（1）彝族。彝族历史档案的收藏极为分散，而且个人的收藏数量也较多。云南省博物馆、云南省民族古籍整理办公室、云南民族大学、大理州图书馆等单位均收藏有彝文档案文献。昆明市官渡区安拉文化站收藏20册、禄劝县古籍办收藏399册、楚雄彝族文化研究所收藏672册、武定县民委收藏30册、峨山县民委彝文翻译组收藏27册、江城县彝文翻译组收藏26册。以红河州彝文档案的收藏为例。据初步调查统计，红河彝文档案收藏于彝族民间的数量，共有4 000余卷，不同版本形式和内容的有263种。除河口、屏边两县至今尚未发现彝文档案收藏外，其余11个市县在20世纪50年代民族调查时都发现有彝文档案收藏。如禄春县有200多卷，元阳县有800多卷，石屏县有400多卷，建水县有400多卷，个旧市有200多卷，弥勒市有300多卷，泸西县有160多卷，金平县有60多卷，红河县有1000多卷。1987年红河县初步普查彝文档案，共记录有836卷。1988年，在云南省民族古籍办的支持下，红河州组织有关人员在石屏县普查彝文档案时，共普查到314卷，此外还有彝汉文布告2张和彝文碑2块。现红河州民族研究所征到彝文档案77卷，复印件57本，新抄本57册，影印件12件85张；红河县民族局征集到8卷，红河县图书馆征集到3卷，弥勒市民族局征集到3卷，弥勒市文管所征集到8卷，红河州群众艺术馆3卷，红河州文管所征集到2卷，个旧市文管所征集到3卷，开远市文管所6卷，泸西县民族局征集到12卷，元阳县民族局征集到50卷，元阳县彝学学会征集到2卷彝文医药书，建水县博物馆征集到4卷，石屏县文管所征集到6卷（件），红河州博物馆已征集收藏了24卷彝文档案文献。据普查，楚雄彝族自治州散存民间的彝文历史档案有2 000多卷，仅武定县民间就散存1 100册，双柏县240册；玉溪地区散存民间的彝文古籍有6 000余册，内容不同的有2 000多册；昭通地区散存民间的彝文档案有1 000余册，镇雄县民间有300余部，彝良县有70余部；曲靖地区的彝文历史档案也非常丰富，宣威、会泽、寻甸、富源等地也都分别收集到《指路经》等彝书；宁蒗小凉山彝族地区仅县语委就收集了102套，300余册彝文书，其种类有经书、医书、天文历法、家谱等。此外，巍山南诏王城遗址发现大量的瓦砾彝文和陶刻八卦图。

从李国文所著《云南少数民族古籍文献调查与研究》一书中的资料可知，现存于民间的彝文历史档案非常多，主要分布在昆明市石林县、禄劝县，玉溪市元江县、通海县、新平县、峨山县，丽江市宁蒗县等地。在该书的调查中，明确标出彝文历史档案主要由构树皮纸和竹纸两种载体材料构成，且构树皮纸占绝大部分。

（2）傣族。傣文历史档案的载体也有很多由构树皮纸充当。20世纪50年代以前，傣文文献尚未通过印刷技术印制，傣文档案皆为手抄本，贝叶则为手刻本，都由私家收藏，佛教经典则以赕经求福的形式贡献给佛寺，由佛寺保存。原始宗教文献则由村子里的波摩（兼行巫术和行医者）保存。中华人民共和国成立后，云南省及有关州、县的博物馆、图书馆、文化馆、文物室、政协机构和研究机构，都注重对傣文历史档案的收集和保存。根据调查，云南省档案馆保存有17册贝叶经，此外尚有纸质载体折叠经1部。云南省图书馆有贝叶经100片，云南省博物馆64册，云南民族大学15册，云南省社科院20余册。德宏州档案馆珍藏有傣文历史档案100余册，瑞丽市档案馆收集到26册，盈江县档案馆19册，陇川县档案馆2册，梁河县档案馆312册，德宏州文化馆13册，畹町县文化馆26册。西双版纳州州政协重要政务文书有20余册，州档案馆珍藏有325册，州文管所215册，州文化馆43册，景洪县政协史志办19册，州民委

1500册,勐海县档案馆20多卷90余册,勐海县民委11册,勐腊县档案馆8册。据《勐海县志》记载,中华人民共和国成立初期,仅西双版纳各个寺庙保存的傣文经卷就有5万多册,其中1990年勐海县的21座佛寺中保存有近5 000册傣文档案文献(见表5.1)。

表 5.1 勐海县佛寺傣文档案文献收藏情况

乡镇	佛寺名称	档案文献种类	册数
勐遮	曼垒	76	451
	曼刚	44	172
	曼短	31	201
	曼纳麻	27	101
	曼柔	19	125
打洛	曼厂	56	248
	曼掌	34	201
	曼蚌	82	554
	曼景	27	64
象山镇	景龙	103	301
勐混	曼蚌	49	422
	曼养	46	315
	城子	35	213
勐海	曼拉冈	30	192
	曼扫	21	121
	曼真	21	177
	曼兴	29	168
	曼养坎	25	134

续表

乡　镇	佛寺名称	档案文献种类	册数
勐海	曼垒	25	167
	曼贺	88	394
	曼派龙	47	279

资料来源：云南省勐海县地方志编纂委员会.勐海县志[M].昆明：云南人民出版社，1997：760页。

目前，在民间保存的傣文历史档案还有很多，主要分布于西双版纳州景洪市、勐腊县、勐海县，德宏州芒市、盈江县，临沧市沧源县、永德县等地。李国文所著《云南少数民族古籍文献调查与研究》一书中，玉康所作《西双版纳州傣族文字古籍》一文中记录，西双版纳景洪市嘎栋乡曼浓罕村曼令佛寺保存有用构树皮纸抄写的经书，主要有《曼提丽》《供玛拉巴》《苏旦达比达嘎》《别罕哈普》《布塔滚双罗能普》《松玛纳西提接普》六本。[①]实地调查发现，西双版纳州勐海县勐混镇曼召村中，有一座佛寺，寺中存有大量用构树皮纸书写的经书，由于语言不通，经书翻译存在困难，本书没有一一记录这些经书的名字。这些经书日常保存于一只大木柜中，经受风吹日晒，保存情况堪忧。

（3）瑶族。瑶族也有大量档案使用纸质材料作为载体，其中文山州保存有大量蓝靛瑶古籍，红河州金平县、河口县也有大量瑶文古籍存世。云南瑶族有四个支系，即蓝靛瑶、景东瑶、勉瑶、山瑶。其中蓝靛瑶信仰瑶传道教，有自己的语言文字，其使用的文字有两种，一种是蓝靛瑶传统文字——方块瑶文，另一种是新瑶文——拼音瑶文，瑶文古籍基本上是用方块瑶文记录的，且绝大多数为手抄本。

李国文所著《云南少数民族古籍文献调查与研究》一书中，黄贵权所作《文山州瑶族文字古籍》一文将蓝靛瑶古籍文献载体材料分为四种，第

---

① 玉康：《西双版纳州傣族文字古籍》，《云南少数民族古籍文献调查与研究》，民族出版社2010年版，第5页。

一种是"绵纸"，蓝靛瑶叫"薄白纸"，蓝靛瑶古籍文献绝大多数使用这种纸抄写，这种纸就是本文所说的构树皮纸；第二种是学生作业本，20世纪60年代以后有极少数瑶文古籍用这种纸书写；第三种是大白纸，20世纪60年代以后，有个别蓝靛瑶文献用这种纸抄录，这种纸张的具体成分有待考证；第四种是土纸，纸张由本地人制作，主要用作钱纸，有个别蓝靛瑶古籍文献用这种纸抄写，这种纸就是竹纸，因为竹纸的别称是"土纸"，且文山地区有瑶族制作竹纸的记录。文中还记录了目前蓝靛瑶古籍在文山州的大致分布情况：广南县有88册，麻栗坡县有107册，富宁县有30册，丘北县羊街乡革羊村民委员会三家寨李贵忠收藏14册；还有很多蓝靛瑶古籍文献收藏在民间或一些瑶族干部、知识分子手里。①

此外，李国文所著《云南少数民族古籍文献调查与研究》一书中，还有盘金祥、罗文福所写《红河州瑶族文字古籍》一文，其中记录红河州瑶文古籍主要有经书和歌书两种，使用的文字也是"方块瑶文"。2001年以来，瑶文古籍工笔者和当地的瑶族干部走村串寨，共同努力，逐一调查统计，初步掌握了散存于红河州有关单位和瑶族村寨民间艺人家中的古籍约有800余卷。其中河口瑶族自治县民族局古籍室征集到120余卷；绿春县民族局征集到11卷；红河州民族研究所征集到29卷（其中原件14卷，复印件12卷，新抄本3卷）；红河县民族局征集到8卷。河口瑶族自治县民间艺人收藏有瑶文古籍110余卷；绿春县瑶族民间艺人收藏有瑶文古籍80余卷；金平苗族瑶族傣族自治县瑶族民间艺人收藏有瑶文古籍150余卷；元阳县瑶族民间艺人收藏有瑶文古籍100余卷。②该文作者详细列出了金平县营盘乡牛滚塘村、金河镇白马河村、金河镇板板桥村、金河镇石桩村和谐村民小组等地的瑶文古籍保存情况，其中还标出了这些文献的记录载体，全部是"本色绵纸"，就是构树皮纸。"本色"一词具体所指什么，还有待进一步深入研究，应当可以解释为纸张制作时没有加入漂白剂等成分，所以呈现出植物纤维原本的颜色，所以

---

① 黄贵权：《文山州瑶族文字古籍》，《云南少数民族古籍文献调查与研究》，民族出版社，2010年版，第498页。
② 盘金祥，罗文福：《红河州瑶族文字古籍》，《云南少数民族古籍文献调查与研究》，民族出版社2010年版，第537页。

有别于纯白色的纸张，因此称为"本色绵纸"。该文作者还分析了红河州瑶族的居住环境，和他们保存古籍的习惯，提出了瑶文古籍保存不善、面临失传等问题。

（4）普米族。丽江宁蒗县有很多普米族韩规古籍存世，其中很多是用手工制作的构树皮纸书写而成的。普米族是一个历史悠久的古老民族，主要分布在云南省、四川省、西藏自治区；其中，居住在四川境内的普米人，因受藏族文化影响较多而被划归藏族；居住在云南省境内的普米人，根据本民族意愿，经国务院批准，于1961年正式定名称为普米族。普米族有自己的语言，归属于藏缅语族中的缅语支，过去认为普米族没有文字，20世纪80年代初有学者考察发现普米族普遍使用一种刻画符号，后来他们使用藏文字母来拼记各类韩规教经典。韩规教，也称为韩规文化，是普米族的宗教信仰，其宗教祭司称为韩规。关于"韩规"一词的含义，目前有多种解释：一是杨政学先生调查分析，"韩"指鹦鹉，"规"为美丽，全意为美丽的鹦鹉。韩规善于辞令，在文道场诵经说唱，恰似鹦鹉学舌；在舞蹈场披红戴绿，宛如羽翼美丽的鹦鹉。二是近年从事韩规文化传承工作的胡镜明、马红升等对"韩规"的解读。"韩为法术、规为高"，于是将"韩规"一词译成"法术高超的祭司或智者"。三是现为木里县藏医院院长的汪扎多吉认为，韩吉（韩规）应从藏文做解释："韩为咒，吉为诵，韩吉即诵咒。"故，韩吉为持咒的苯教师。[①]普米族信奉的韩规教目前刚刚开始受到学者的研究和关注，对普米族韩规古籍的研究也非常少。

胡文明在《丽江市普米族韩规古籍》（载李国文著《云南少数民族古籍文献调查与研究》）一文中，记录了他在宁蒗县实地调查韩规古籍的资料。文中记录："我们所接触到的韩规古籍全为手抄本，其特点为古藏文草体书写，即用以书写韩规经书的文字为藏文，通常分为'社依'（行书）和'杂衣'（草书）两种书法。多用竹笔从左至右写就，除用墨汁外，也有用朱砂写成的。据说，过去在木里依吉、宁郎、水洛一带，普米人极其珍贵的韩规经抄本中还有用金、银粉汁等抄写的经

[①] 胡文明：《丽江市普米族韩规古籍》，《云南少数民族古籍文献调查与研究》，民族出版社2010年版，第574页。

卷。每册书的封面由长方形边框和经名两部分组成，正文为双面书写（每页为6行左右）。所用纸张一般为本色构皮纸，它质硬而坚韧，一般具有经久耐用的特性。形制长条，（一般古籍长约30厘米，宽约10厘米）。据说，版本的大小是因为所抄经书内容多少而定，并没有统一的标准。"普米族的书写方式也是使用竹笔，这点和纳西族、藏族一样，所以他们所用的纸张应该不会是普通的薄型白棉纸，但他们使用的纸张是从何处购买的，还是自己制作的，还有待进一步考证研究。

目前韩规古籍主要保存于三处，一是中国历史博物馆收藏，在中国历史博物馆工作的宋兆麟先生，于20世纪60年代开始收集了大量韩规经，但后来不曾有人研究过他收集的这些资料；二是云南省宁蒗、永胜等县普米族韩规世家私人收藏；三是与宁蒗县毗邻的四川木里、盐源等县的若干普米族韩规私人收藏。普米族韩规古籍出自韩规祭司之手，根据胡文明的调查与统计分析，云南宁蒗、永胜等县境内民间所藏韩规古籍（旧抄本）不超过100册，四川境内，仅木里依吉乡一带民间私藏韩规经典就在3 000册以上。此外，20世纪60年代初，宋兆麟等国内学者就有意识地进行收集和保护。宁蒗普米族在21世纪初举办韩规文化传习班，收集复印了300册左右。2004年后，云南民族学会普米族研究委员会及宁蒗县普米族文化传习协会相继成立，两会顾问胡镜明等又收集、复制近500册左右。以上普米韩规古籍，经过胡文明等的初步整理、编目，去掉重复本，约有1 000余册。①

普米族的这些珍贵古籍也面临失传的问题，普米族的住所多为木楞房，抗震和抗火灾能力差，纸质载体形式的古籍如果保存不善，极易出现虫蛀、发霉等破损情况，所以需要引起重视和加强保护。

除了上述彝族、傣族、瑶族、普米族外，云南省内回族、藏族、壮族、白族等民族留下了大量的文字古籍和历史档案，其传承和保护还需要后人的继续努力。由于在大量历史档案中，纸张材料是一种使用最广的材料，特别是在云南，使用构树皮纸的地区非常多，所以本书从纸张载体的角度出发，研究纸质历史档案的保护。

---

① 胡文明：《丽江市普米族韩规古籍》，《云南少数民族古籍文献调查与研究》，民族出版社2010年版，第581页。

5.2 云南构树皮纸制造地区实地调查

5.2.1 西双版纳构树皮纸

西双版纳位于滇西南，海拔477~2 428米，面积约19 700平方千米，聚居着傣族、哈尼族、基诺族、布朗族、瑶族、拉祜族等很多民族，多种民族文化的交融，使其形成了丰富的民族文化和独特的民族风情。西双版纳是傣族之乡，处处可见傣族的身影，傣族大部分都是虔诚的佛教徒，村村寨寨有寺庙，有佛爷。傣族婚丧嫁娶都要到寺庙中请佛爷书写和诵念经书，笔者走访的几个傣族寨子，目前还是使用传统的手工纸书写经书。有的寨子使用的手工纸是购买而来，有的寨子则家家户户都在造纸，自己使用，同时也出售，出售手工纸的收入是家庭收入的重要来源。其中西双版纳州勐海县勐混镇曼召村，还保留着制造手工纸的传统技艺。

勐海县位于云南省西南部、西双版纳傣族自治州西部，东接景洪市，东北接普洱市，西北与澜沧县毗邻，西和南与缅甸接壤。"勐海"为傣语，意思是"勇敢者居住的地方"，是闻名中外的"普洱茶"的故乡和我国最早产茶之地，有着1 700年前的野生"茶树王"以及星罗棋布的古茶树群。汉代前，隶属昆明、嶲部落，是"西南夷"的一部分。西汉，隶属益州郡。东汉光和年间，划归永昌郡。唐南诏时，隶银生节度使。宋淳熙七年（1180年），境内设九勐土司地。元朝，属车旦路军民总管府。明朝，隶属车里军民宣慰使司。明隆庆四年（1570年），宣慰使召应勐将辖区划为十二版纳，本县境内设四个版纳。清朝，沿袭明制。清顺治十八年（1661年），境内重置九勐土司地。民国元年（1912年），改设勐海、勐遮、勐混3个区。民国二年（1913年），境内设勐遮、勐混（实驻勐海）两个区。民国十六年（1927年），改区设佛海县、南峤县、宁江设治局。1950年2月17日，境内解放。1951—1958年，建制几经变动。1958年11月，勐遮、勐海两县合并为勐海县至今，隶属西双版纳傣族自治州。

曼召村隶属于勐混镇曼扫村委会，地处坝区。曼召村民全为傣族，全村100多户人家，每家都造纸。老者与年轻人都参与家庭中的造纸活动，出售手工纸是当地村民的一项重要收入来源，该处也是当地有名的造纸村。在进入曼召寨子的路上，有巨大的广告牌，写着"曼召传统手工造纸旅游村特色村"；调研的当天，笔者还遇到很多外国人前去参观造纸工艺。曼召村中的居民每家每户盖新房或是婚丧嫁娶，都要到村中的佛寺请佛爷书写一本经书，经书必须使用老傣文书写，举行仪式的时候请佛爷来念经，祈祷家宅兴旺。仪式活动结束后，各家都会仔细保存好经书，村中老人说一般保存50年的经书都不会生虫和发霉。笔者有幸见到当地的佛寺主管，名叫岩砍叫，时年50岁，他是当地佛寺前一任的大佛爷，从小在佛寺中学习，精通老傣文。他邀请笔者到家中，展示了他保存的一本约200多年前书写制作的老傣文经书，该书图文并茂，用黑色墨迹的老傣文书写，图画均是彩绘（见图5.1），他介绍说其中的彩色原料全部来自天然植物；该经书一侧为装订线，另外三面的纸张上都涂抹了一种黄色的油脂，他说涂抹这种油脂保护经书，任何虫都不会蛀蚀纸张。由于语言不通，笔者与他反复交流多次，最终也未能弄清楚这种油脂是用什么植物做成，只大概了解到这是一种食物的果实，呈褐色的圆形颗粒，用榨油的方式可以榨取到这种油脂。此外他向笔者介绍了当地使用构树（见图5.2）皮制造手工纸的一些情况。

图5.1 距今200多年的老傣文经书内页图文　　图5.2 曼召村中的构树

5.2.1.1　西双版纳构树皮纸原料

曼召村使用的造纸原料是构树，当地人用傣语读音为"美沙"，纸的读音为"嘎纳"。当地村落中和附近山上长有很多构树，村民自己采集造纸原料时，边采边用小刀去掉黑色树皮，保留白色的韧皮层，取回后将树皮挂在房前屋后晒干。村民在砍伐构树的时候，也注意保留一部分的嫩枝，让其继续生长，以备来年的需要，这种行为也是一种自发的、无意识的保护生态的做法。由于曼召村是远近闻名的造纸村，有很多专门贩卖构树皮的人会定期向村民出售晒干的树皮，所以村名现在主要是从这些人手里购买原料。1998年李晓岑、朱霞的调查中也提及：这里采用构皮造纸，原料过去来自本村附近的山上，现在则主要买自山区的布朗族、爱尼人、拉祜族也来卖构皮给他们。[①]在其他地区的调查中，笔者也发现，整个造纸过程中，在采集原材料的环节，有很多不同的民族群众参与其中。

5.2.1.2　西双版纳构树皮纸制造工艺

2011年7月，笔者对西双版纳州勐海县勐混镇曼召村开展实地调查，该村是著名的手工造纸特色旅游村。随着茶产业的兴旺，包装茶叶的手工纸需求量很大，现在曼召全村男女老少都参与手工造纸活动。在村中笔者有幸结识了当地佛寺的主管，他名叫岩坎叫，由他介绍了当地构树皮纸的制作过程。

曼召村傣族制作构树皮纸的工艺流程是：采集原料—浸泡原料—煮原料—洗涤—机器打碎原料—制浆—抄纸或浇纸—干燥—砑光—揭纸。

（1）采集原料。当地使用的造纸原料为构树皮。构树，傣语音读为"美沙"。树皮都在村落附近山上采集，村中也有很多棵构树可以取用；取下树皮后马上用小刀去掉黑色外皮。取回树皮后先晒干，使用时再煮。65千克的树皮大概能做3 500张纸。

（2）浸泡原料。煮之前先用水浸泡原料，大约泡一天，直到原料发软为止。

---

① 李晓岑，朱霞：《云南少数民族手工造纸》，云南美术出版社，1999年版，第45页。

（3）煮原料。用大铁锅煮树皮，煮一天一夜，加灶灰，熟得快。燃料使用山上砍伐的木柴（见图5.3）。

（4）洗涤。煮好的树皮需要清洗，用手拣出粗糙的杂质及残余黑皮，拣出来的材料一般不丢掉，汇集留存以后，可以做成茶叶包装用纸，或者纸环保袋，这种纸一般比较粗糙和厚实。

（5）机器打碎原料。煮好后打碎原材料，以前是用人力和木质工具打碎，很费时间。现在村里各家各户都在造纸，对原料的需求量很大，村里人合伙购买机器，专门用来打碎原料，各家各户轮流使用，提高了生产效率（见图5.4）。

（6）制浆。将打碎的原料放入水池中制作纸浆。经询问，村民说纸浆中并不加入其他化学材料。村民用自制的工具搅动水池，使原料分布均匀；工具就是木质或铁质的长棍子，棍子一头打一些交错的孔，孔中以和棍子垂直的方向插入筷子，筷子分布的方向也都不一样。

（7）抄纸或浇纸。在当地抄纸法和浇纸法并存，在笔者调查的所有村寨中，此地两种造纸方法并存最为独特。做好纸浆后开始抄纸，用一个纱帘在纸浆池中搅动，均匀地抄起一些树皮纤维，形成一张纸（见图5.5），掌握这种技术需要长时间练习。调查中见到抄纸的都是妇女，男人主要是帮助加工原料和揭纸。当地抄出的纸有两种，一种比较薄，是茶叶厂定做的茶叶包装纸，尺寸一般为90厘米×45厘米；另一种比较厚，专供佛寺写经书使用，尺寸一般为60厘米×60厘米。每抄一张纸，就用一个纱帘，纸干燥以后取下，纱帘即可重复使用。纱帘外部是木制，中间是纱布，纱帘内部尺寸和抄出的纸张尺寸大小一致。一个人一天大约可做200张纸。此处用的纱布是现代工业生产的类似于塑料的细纱布，还有不同的颜色，当地使用白色或蓝色。抄纸法和浇纸法在村中都有，大部分村民使用抄纸法。调查时所见浇纸法，只有一家人在做，是用挑出来的有杂质的原料做包装用的厚纸（见图5.6）。浇纸法使用的纱帘大小为63厘米×63厘米，使用的木制水池大小为75厘米×120厘米。

（8）干燥。做出的纸连同纸帘一起放置在阳光下晒干，村子里到处可见各色纱帘立于路边晒纸，别有一番风景。一般有太阳的晴天，村民就造纸，晒纸一般20分钟即干。

（9）砑光。纸晒得半干时，男人会拿一个小碗，轻轻地在纸上转圈打磨，砑光纸面，使纸面光滑平整。

（10）揭纸。晒干后，揭纸的工序一般由男人完成，他们用一个竹片或木片，轻轻挑起纸的一角，慢慢将整张纸揭下来，一边揭一边折叠，摆成摞放好。

图 5.3　曼召村煮原料

图 5.4　曼召村机器舂料

图 5.5　曼召村抄纸

图 5.6　曼召村浇纸

图 5.7　曼召村晒纸

图 5.8　曼召村揭纸

造纸工具：

（1）铁锅。用大铁锅煮原料，燃料为木柴。

（2）碾磨机。现在用机器打碎构树皮，提高了工作效率。机器由村民集体出资购买，各家轮流使用。从前使用木墩和木槌打碎纸料，木墩直径70厘米，高25厘米，木槌直径10厘米，中部挖槽装柄。

（3）搅拌器。制浆时，使用一种搅拌器，即木质或铁质的长棍子，棍子一头打一些交错的孔，孔中从和棍子垂直的方向插入筷子，筷子分布的方向也都不一样。这个工具只有在用抄纸法时才使用。

（4）水槽。各家各户的水槽大小不一，根据操作地点的空间大小有一些不同，抄纸法用的池子高约1米，长约1.5米或1.2米，宽约1米。浇纸法使用的池子很浅，是一个木制的小池，池中还要垫上一层塑料布防止漏水，尺寸为75厘米×120厘米。

（5）纸帘。纸帘的材质是木框或竹筐，中间用纱布做帘，现在用的纱布都由化纤材料制成，以前用的纱布为纯棉材料。纸帘的规格有两种，大的为90厘米×45厘米，小的为60厘米×60厘米，大规格的纸抄得薄，用作茶叶包装纸；小规格的纸抄得厚，用作书写纸。有一户使用浇纸法造纸的人家，纸帘大小为63厘米×63厘米。曼召每个造纸人家，都备有很多纸帘，数量数十或上百。

2011年曼召的手工造纸方法正如上文所述，但对比以前的文字资料记录，如1999年出版的《云南少数民族手工造纸》和2005年出版的《云南民族手工造纸地图》来看，曼召的造纸方法已经有了很大的改变。第一，原料采集方面，1998年曼召使用构树皮造纸，主要买自山区的布朗族、爱尼人和拉祜族，而非自己采集；本书调查时村民说他们是自己采集原料，但是现在该村造纸业很发达，自己采集恐怕难以自足，应该还是有很多村民从外面购买原料。第二，加工原料的环节，以前晒干的树皮在煮之前，要先在河中浸泡一天的时间，直到发软为止，本书调查则没有发现这一工序。可能与现在使用机器打浆有关，因为机器加工能更快速地得到细致的树皮纤维，所以省略了浸泡树皮的过程。第三，打纸浆的过程发生改变，以前靠人力用木墩和木槌打纸浆，2千克的湿料一个人打半小时才能用来做5张纸，效率很低，现在改用机器打浆，非常快速。第四，以前村民都使用浇纸法造纸，浇纸的池子称为地坑，非常低矮，人需要蹲坐于坑边操作，10分钟才能捞出一张纸，非常耗费体力和时间；现在绝大多数村民采用抄纸法，用水泥砌起了新的抄纸池，人的操作变得更方便，也大大提高了生产效率。他们从何处学来抄纸的方法，不得而知，但是这样发展下去，浇纸的方法很可能会在村中失传。

其他相同的工序是，第一，煮树皮时，用大铁锅煮，都加入草木灰。第二，煮好后的树皮，都要洗涤，这个过程可以去除草木灰和杂质。第三，干燥的方法相同，都是将纸连同纸帘一起放于日光下晒干。第四，揭纸的方法也相同，都是靠人手工一张一张地将纸揭下。

曼召制作的手工纸很受欢迎，景洪、勐腊的部分寺庙有和尚来购买纸张用于写经；一些傣族姑娘用的纸伞也是用曼召纸制成。傣族人民最为闻名的就是贝叶经，它是一种珍贵的历史档案；除此以外，傣族民间使用的很多经书都是用手工制成的构树皮纸书写而成，调查中笔者亲眼所见保存了200余年的构树皮纸经书，纸面依旧光洁如新，这种纸质档案能耐久保存的优点值得深入研究。

5.2.2　临沧构树皮纸

临沧耿马傣族佤族自治县孟定镇芒团村，至今也保留着手工造纸的传统。耿马傣族佤族自治县位于云南省西南部，总人口28.54万人（2006年），有汉、傣、佤、拉祜、彝、布朗、景颇、傈僳、德昂、回、白等民族。县境内有新石器洞穴遗址、崖画、石刻等文物古迹7处。[①]"孟定"在傣语中意为"弹弦的地方"。这里大地如琴，江河如弦，四季如夏，柔情似火，素有"黄金口岸"之称，是祖国西南边陲的黄金口岸、云南国际大通道的重要枢纽、临沧市的绿色明珠。孟定镇内聚居傣、汉、佤、景颇、德昂等23个民族，其中傣族26 340人，占农村人口69 987人的37%，是临沧市的主要傣乡，镇内生态环境和植物资源优良，为造纸活动的展开提供了良好条件。

---

① 行政区划网 http：//www.xzqh.org/html/show.php？ contentid=20016

5.2.2.1 临沧构树皮纸原料

当地人认为孟定芒团傣族手工制造白棉纸的历史有500年之久，展现了孟定深厚的文化底蕴，芒团手工造纸术被国家列为非物质文化遗产进行保护和开发。[①]芒团傣族造纸，过去专为土司生产。芒团村在孟定东面，距孟定镇9千米。造纸原料为"构树皮"，傣族称为"美沙"，此处的称呼和曼召傣族的称呼一致。当地外购造纸原材料，佤族专门到此贩卖构树皮，他们在采集树皮的时候就去除了外面的黑皮部分，然后再晒干。芒团村的傣族造纸工匠们，将买来的树皮放在自己房梁上风干（见图5.9），等需要使用时再做进一步处理。这点也和曼召相似，有其他民族参与造纸原料的采集。

按照传统，孟定傣族构皮手工造纸这门工艺只传女，不传男。在整个生产过程中，男人除了能够帮忙采料购料外，其他工序都由女人完成。根据笔者2011年7月的实地调查来看，现在也有很多男人参与到造纸过程中，主要从事砑光纸张和从纸帘上将纸取下。傣族称纸为"洁沙"，这种手工纸具有质地坚韧、久存不陈、防腐防蛀的特点，所以旧时官府用来颁布告示及公文行文，佛寺用来抄写经文，如今也被银行用来捆扎人民币，文人墨客用来写字作画，民间用来剪纸刺绣、裱龙糊凤，茶叶集团用来包装普洱茶等等，深受消费者喜爱，远销泰国、缅甸等国家。

图 5.9　芒团村晒在房梁上的构树皮

---

① 云南数字乡村网 http：//www.ynszxc.gov.cn/szxc/model/ShowDocument.aspx？ Did=1615&DepartmentId=1615&id=577064

5.2.2.2　临沧构树皮纸制造工艺

临沧耿马傣族佤族自治县孟定镇芒团村，是国家非物质文化遗产傣族手工造纸工艺传承点，村口建有一间展览厅，用图片和文字的形式展示手工造纸过程和手工纸用途。村中有20多户人家在造纸，基本都是傣族，本书调查了67岁的傣族奶奶安丙和她15岁的孙女艾稍，她们说现在村中造纸的主要是老年妇女，男人一般是帮着加工原料和揭纸，年轻人都会造纸，但是平时以农业劳动为主。

芒团村的傣族手工造纸工艺流程为：采集原料—浸泡原料—煮原料——次洗涤—二次洗涤—舂料—浇纸—干燥—砑光—揭纸。

（1）采集原料。当地使用的造纸原料为构树皮，佤族到此贩卖剥好的构树皮，她们先做去黑皮的初加工，同时晒干。傣族购买后放于房梁上风干保存。

（2）浸泡原料。准备造纸时，将干树皮放于村中小河内浸泡，造纸作坊沿河两岸建筑；泡洗树皮都用河里的水，一般浸泡一晚。河水流经村子后汇入南丁河。

（3）煮原料。泡好的树皮放于铁锅内煮，加入灶灰即草木灰（见图5.10）。一般煮一个下午，根据火力大小煮到软为止，中间要不时加水、翻动。使用的燃料也是木柴。

（4）一次洗涤。原料煮好后放在河里冲洗，称为粗洗，主要是为了洗去残留的草木灰、杂质等（见图5.11）。

（5）二次洗涤。第一次洗过后分批放到小箩筐里洗，精细地洗一次并挑出杂质，通常是一边洗一边用手把杂质撕下来（见图5.12）。挑出的杂质也可用于制作一些包装纸，或者手提包。洗涤原料的时候就用手把原料撕细，可以方便后面的舂料。

（6）舂料。洗好挑捡掉杂质的原料，放到大石板上用小木槌打制纸浆（见图5.13），木槌为自制。打浆要求打得很细，通常一个人左手和右手各拿一个木槌不停地打，一般男人打20分钟，女人则打半小时可以形成纸浆。另外，一些纸张没有做好，如做得不均匀，揭纸时撕坏了，或是初学者没有做好，可以撕碎后加水浸泡，舂料时加入其中，以重新利用，避免浪费。

（7）浇纸。打好的纸浆放到水槽里即可做纸，使用井水，不加任何添加物，没有水井的人家，用河里的水或自来水。此处使用浇纸法，用纱布做纸帘，可以根据定做人的要求，做成不同大小。将纸帘放入一个水槽中，将舂细的造纸原料撒于纸帘上，用手不停地拨动水使原料均匀分布，同时使用一根木棍，在水面上拨动，同样起到将原料均匀分布的作用。拨动后静置几秒钟，就可以将纸帘捞起，制成一张纸（见图5.14）。

（8）干燥。造好纸后放在阳光下自然晒干，晒到人用手触摸感觉干了就可以从帘子上拿下来。所以一般天气晴朗时才造纸，下雨天则不造，一天可以制造两次，一次大约可制成50张左右。

（9）砑光。该工序一般由男人来完成，晒纸5～6分钟以后，用瓷碗打磨纸面，使其均匀和光滑，打磨好后翻一个面继续晒（见图5.15）。

（10）揭纸。晒干纸后，用小木棍揭起一头，再慢慢地整张揭下来。小木棍用木头手工制作，扁平状，长约25厘米。取下来的纸还需要裁剪，边角料可以再次浸泡，重新用来做成纸浆。

图 5.10　芒团村煮原料

图 5.11　芒团村一次洗涤原料

图 5.12 芒团村二次洗涤原料

图 5.13 芒团村舂料

图 5.14 芒团村浇纸

图 5.15 芒团村纸面砑光

造纸工具：

（1）铁锅，用于煮原料，与日常做饭用的锅一样，大小均可。

（2）木槌，用于舂原料的木槌由手工制作，手柄长约20厘米，直径10厘米，槌体侧面宽8.5厘米。舂原料时要使用两个木槌左右来回舂打。

（3）纸帘，帘子用纱布手工制作，尺寸为72厘米×62厘米。此处用的纱布为白色，类似日常生活中常见的白色棉制纱布。

（4）水槽，水泥砌成，长1米，宽77厘米。较浅，加水以后能刚好没过纸帘即可。

（5）木棍，浇纸后用木棍敲打水面，使纸料分布均匀，手工自制，长60厘米，直径3厘米，中间钉一枚钉子，方便手拿。

与《云南少数民族手工造纸》一书中记录的调查内容比较，芒团手工纸的制造工艺基本保留着原始风貌。其中存在的变化是，1991年，芒团在处理造纸原料时，浸泡后需要拌上草木灰，使构树皮碱化，然后在铁锅中煮7~8个小时，煮好后取出原料再拌一次草木灰，强化构树皮的碱化过程；而后再煮4个小时左右，煮完后取出的构树皮烂成絮状，再洗涤去除杂质即可舂打。但2011年调查时，时间正好相隔20年，此时芒团处理原料的方法从二次煮料，二次拌草木灰，变为二次洗涤，即将浸泡好的原料加草木灰在铁锅中煮一次，然后到河中洗涤一次，去除草木灰和杂质，再放到小桶或小筐中进行第二次洗涤，一边洗一边将构树皮撕碎。这种做法，应该是当地造纸工匠出于保护生态环境的考虑，自发做出的行为调整。由于两次使用草木灰，两次煮原料，需要耗费更多的木柴，长此以往，会破坏环境，木柴的供应也会逐渐减少；而改变为煮一次原料，加一次草木灰，在后面的洗涤过程中，将树皮用手撕碎，同样也能方便后面的舂料过程；但是碱化构树皮的过程会减弱，会不会使纸张的耐久性受到影响，需要进一步研究。

芒团村现在制造的纸张主要出售给写经书的人使用，也有人专门购买用于绘画或写书法。村里人盖新房时会到佛寺去写一本经书，新房落成时诵念经文，然后保存在家中，每家都有木质神龛，经书保存在神龛里，每日接受供奉，每天要换水、烧香、供奉食物。每次取出经书时，双手作揖先拜一番，表示尊敬后才能取出来阅读。这种经书最少可以保存50年，相当于一代人。写经书所用的纸张一般为双层，中间用魔芋磨成粉以后制作的糨糊粘在一起，这样背面不容易透出字迹。此外，也可以直接把纸张对折以后进行装订，每一页经书由两页纸张组合而成，这样书写时，实际上每一页纸张自身只有一面写有字迹，能避免一页纸张双面书写导致的字迹互相渗透。芒团村一户村民家中保存的经书，有的外封为黑色涂漆，已保存20余年，主要用于看日子；有的外封为红色涂漆，同样保存有20余年，也用于看日子；涂漆外封的作用主要是防虫。在村里佛寺中，还有保存30余年的经书，外封面也有涂漆。芒团纸在《新纂云南通志》中也有记载："镇雄及镇康、孟定坝摆夷，亦能用构皮造一种大白纸，较外国牛皮纸尤韧，力撕不破。"今在云南傣族地区还保留有数万卷傣文经卷，有些经卷纸质很厚，和耿马、孟混造的纸完全相同，有些经卷纸质则薄而细致，和白族的白棉纸十分相似，是否使用了白棉纸，尚需进一步的研究。①这种纸张的耐久性如何，该如何保护用这种纸张书写的傣族档案，是否能通过其使用的制作原料或工艺对其进行更进一步的分析研究，本书将在后文中进行探讨。

5.2.3 大理构树皮纸

大理白族自治州地处云南省西北部，其所辖鹤庆县有制作手工纸的记载。鹤庆县位于云南省西北部，地处滇西横断山脉南端、云岭山脉以东，大理白族自治州北端，这里共同居住着汉族、白族及彝族、傈僳族、苗族、回族等民族。本书调查的村落，主要居住者为汉族和白族。

大理州鹤庆县松桂镇龙珠村，汉族和白族都有人在制造构树皮纸，使用的造纸原料是构树皮。鹤庆县生产两种纸，构树皮纸和竹纸。当地的竹纸，称为土纸，又细分为"细土纸"和"粗土纸"两种，细土纸薄且透明，人们用来描绘刺绣花样，还常用来拓印甲马和年画；粗土纸又有"齐边"和"毛边"两种，过去学生用齐边纸描红和练字，毛边纸粗糙，用于制作宗教活动中焚烧的"纸钱"。竹纸原来主要产于龙珠、西甸、东坡和勤劳等村，对龙珠村进行实地调查发现，当地人早已不再制造竹纸，竹纸的制造工艺也已经失传。构树皮纸的制作还在延续，当地生产的白棉纸是书写契约和经卷的良好材料，曾随着马帮的足迹声名远扬，有"安徽宣纸甲天下，鹤庆棉纸誉西南"的美称，远销到昆明、丽江、东南亚、印度和尼泊尔等地。

龙珠村隶属鹤庆县松桂镇，地处松桂镇东边，距镇政府所在地8千米，到镇道路为土路，交通方便，距县35千米。龙珠村虽地处山区，但由于漾弓河流经境内，气候温和，水利条件便利，特产丰富，曾经是松桂鱼米之乡。漾弓河流经龙珠境内全长13千米，将龙珠行政村分为东西两块。据考证，为了连接东西两块，清朝年间，由村民捐资捐物在河流中段修建了河头桥与施家桥，均属木架瓦顶，长约40米，解决了东西两块的交通。1988年，一场百年罕见的洪水冲毁了施家桥，现仅存河头桥，形象古朴、壮观。由于此地人口聚集且民风淳朴，民国时期开始，

---

① 李晓岑，朱霞：《云南少数民族手工造纸》，云南美术出版社1999年版，第50页。

云县马帮一直在此地经商，并将当地始于宋元时期的自产手工纸销往省内外，使得传承数百年的原始手工造纸工艺流传至今并发扬光大，现在生产的纸品依旧深受商家喜爱。手工造纸收入也成为当地村民经济收入的一个重要组成部分。龙珠人民勤劳节俭，更重视教育，重视人才的培养；清朝乾隆年间曾出了秦进士、桑进士两位文武进士。近年来，由于普洱茶文化的兴起，当地传统造纸业更加红火，省内外商家云集，竞相采购手工纸，海外游客也到本地参观，对本地发展有一定的促进作用。[①]

龙珠村居民大约4 000人，约1 000户，属于白族和汉族杂居的村子，两个民族的同胞都从事造纸活动，据当地人回忆，高峰时期村中有700多户人家造纸，纯属私营，自产自销。明朝洪武年间，有军队到此，军中有部分汉族留在村庄中定居，并教给当地人手工纸的制造方法，由当地的汉族和白族一起将造纸工艺传承下来。当地不论是汉族还是白族，都会使用白语，周围的几个村子也主要都是白族聚居，只有在龙珠村才有汉族。村民介绍说，也是龙珠村的人，最早向汉族学会了说普通话。靠近龙珠村的六合乡，还有灵地、上木禾、地基密、松园等白族村庄，过去也生产构树皮纸，但是现在几个村的生产都逐渐停滞，这几个村中会造纸的一些工匠，来到龙珠村的"国弟棉纸厂"工作，他们分工合作造纸，纸张的销路由厂长负责联系。现在他们生产的构树皮纸，主要供茶厂包装茶叶，小部分供给寺庙书写经书，或者提供给白族人家书写家谱。纸厂可以根据购买人的不同用途，生产不同厚薄及尺寸的纸张，大部分纸张销往西双版纳和贵阳等地。

5.2.3.1　大理构树皮纸原料

龙珠村使用构树皮（见图5.16）造纸，主要购买产自金沙江一带的原料。构树皮的采集季节分为两季，春季采集的称为"春构"，主要为比较完整的树皮，几乎没有包含树干部分；农历十月左右采集的称为"蒸构"，其得名是由于采集时树皮不好剥下，便把树枝分段砍开，再

---

① 云南数字乡村网 http：//www.ynszxc.gov.cn/szxc/villagePage/vindex.aspx？departmentid=116672&classid=1209924

用蒸煮的方法使树皮破落，使用这种方法取得的树皮，都会包含一部分的树干木质纤维，无法完全去除。所以使用春构制造的纸张，质地要更好一些，罗平板桥镇募补村造纸，同样使用春季采集的构树皮。

图 5.16　龙珠村外购的干燥构树皮

5.2.3.2　大理构树皮纸制造工艺

2011年2月，笔者赴大理鹤庆松桂镇龙珠村调查当地手工制作构树皮纸的情况。鹤庆位于大理州西部，是云南历史上的文化名城，是茶马古道上的重镇，鹤庆手工纸在清代曾作为贡纸，还远销到国外，享有盛名。鹤庆白族和汉族都造纸，造的纸有构树皮纸和竹纸两种。调查中未发现还有人制造手工竹纸，龙珠村以前生产过竹纸，用当地种的毛竹做原料，但最近几年由于四川有很多机械生产的竹纸，以低廉的价格倾销到当地，以及很多年轻人外出打工，家庭竹纸作坊已经逐渐消失。目前竹纸主要用于祭祀及宗教活动，不用于书写。

"国弟棉纸厂"出产的纸，每张45厘米见方，每一张纸的人工费为0.06元，有几个人参与了生产工序就由几个人来分享工费。一般一个熟练工每天能做3 000～4 000张纸；当冬季天气寒冷时，每天只能做2 000张左右。造纸工匠的收入微薄，有的人选择外出打工，有的人被机械造纸厂挖走，年轻人也很少愿意学习这项技术。国弟棉纸厂的厂长，原是龙珠村村委会主任，不忍心看着这个宝贵的工艺失传，他投资修建厂房，把周围村寨的艺人请到厂里生产；同时根据市场需求的不同，进行书写纸、包装纸或特殊定制纸的制造，销售情况良好。

龙珠村的手工造纸工艺流程为：采集原料—浸泡原料—煮原料——次洗涤—二次洗涤—机器打碎原料—制浆—抄纸—榨水—揭纸—干燥—裁齐。

（1）采集原料。当地的造纸原料是构树皮，在金沙江一带采集，有专门的人采集后到此出售。

（2）浸泡原料。造纸前，将构树皮用河水或者自来水泡3~4天，方便后续加工，同时可以冲洗掉一些杂质。

（3）煮原料。在专门制作的大铁锅里用河水煮构树皮，由于厂里工人多，对原料的需求量大，所以特制了大铁锅（见图5.17）。燃料一般为柴或者煤，用大火加碱煮4个小时以上，加水没过构树皮即可，适时用木棍翻动，使其受热均匀。

（4）一次洗涤。煮过以后的构树皮用河水清洗（见图5.18）。清洗构树皮的工匠说，这时候的构树皮如果直接用手接触，会有灼烧的感觉，因此他们一般是戴着手套，下身穿着防水服去清洗；过去在河里清洗，现在厂里用混凝土筑成数个池子专门用于洗涤。清洗过后的构树皮放到另外的池子中，用清水（自来水或河水）加漂白粉浸泡1天。以前的传统方法，不使用漂白粉，而是用土木灰，从烧柴的火灶中取得，造纸工匠说这种灶灰可以提炼出土碱，呈碱性。

（5）二次洗涤。浸泡过漂白粉以后，构树皮上的黑色基本褪去，再用水清洗一次后可以备用。清洗好的构树皮一般放于背阴之处，用塑料布等遮盖，防止水分挥发过快。

（6）机器打碎原料。舂打原料，现在用机器完成（见图5.19）。工厂中自制了一套小设备，用电动马达带动刀片打出纸浆，存放于混凝土池中，也不压榨其中的水分，造纸工匠使用时直接用铲子从池中挖取。国弟棉纸厂有两种纸浆，一种是纯构树皮浆，一种是纯木浆。厂长说，纯木浆是用从俄罗斯和芬兰进口的一种厚厚的硬纸打出的纸浆，据说这种硬纸的原料是上好的松树，用这种硬纸打出的纸浆颜色比构树皮纸浆白。这种纸浆成本高，当厂里接到有书写要求的纸张订单时（如写家谱的纸，写经书的纸），就在构树皮纸浆中加入10%~15%的这种纸浆，以达到提高纸张白皙度和硬度的目的，但是如果完全用这种纸浆造纸，纸张会又硬又脆，因纤维均匀度不高而无法使用。厂长说有很多机械造纸厂，采用进口的硬质纸打碎，做成纸浆，再用这种纸浆造纸。为了降低生产成本，在制作一些包装用纸时，厂长会在纸浆中加入一些棉纸剪裁后的边角料，还有从昆明购入的一些烟盒包装纸边角料，这些材料都要用水浸泡过以后，在打浆过程中加入。

（7）制浆。准备抄纸时，该厂使用聚丙烯酰胺加水与纸浆稀释，当地人称为"滑粉"，其添加比例没有严格地进行计算，纸浆的稀释度或者浓稠度也没有具体的衡量标准，所以抄出的纸张厚薄均匀程度完全依赖于手工匠人的感觉和经验。以前的传统方法，是用沙松树的树根泡水或者仙人掌泡水来稀释纸浆，但使用树根对生态环境破坏大，政府严禁砍伐树木、挖取树根，所以当地人寻求使用化学原料代替，同时使用化学原料还可以提高生产效率。

（8）抄纸。造纸工匠们用吊帘抄纸，将竹帘放在木架子上，木架上面有绳牵引，下面中空，上面左右两边装有木条固定竹帘，安装稳纸帘后，工匠操作木架在纸浆水中来回晃动，使纸浆均匀分布在竹帘上即可（见图5.20）。他们所用的吊帘源自日本的发明，调查发现云南地区使用吊帘造纸的仅此一处；竹帘为定制，也是调查中所见最大的，一次可以抄出三张纸，效率非常高。

（9）榨水。抄出的纸张一般使用木板压水，木板上面可以压千斤顶或者大石块，只要是有一定重量的物体即可。当天抄好纸，压一夜，第二天一早再由专人揭开晾干。

（10）揭纸。纸张揭下后，贴于墙面上晾干，揭纸的工匠，先用棕刷蘸取稀薄的米汤在墙上刷出与纸张大小相当的轮廓，再将纸一张张揭下来贴到墙上（见图5.21），米汤起到粘连的作用，为节约空间，可以将纸张的一部分重叠起来贴，但是每一张纸之间不能完全重合，每贴一张纸，都需要按照由上至下的顺序错开2~3厘米的距离，沿着墙从上到下贴成排。

（11）干燥。当地干燥的方法是阴干，纸晾在专门修建的长形隔间里，由于被太阳晒过的纸张会比阴干的纸张脆、硬，晾纸的隔间都修建在背阴之处（见图5.22）；因此在雨季，一些纸张边角会出现霉斑，厂长说雨季时可以加大贴纸时的间距，加快纸张晾干的速度来避免此种情况。棕刷由工匠们自己制作，里层是坚硬的棕树皮，外层是相对柔软的棕毛，用铁丝固定。除了专门的晒纸间，造纸间里面的墙壁上也被充分利用，贴满了待干的纸张。造纸工匠们各司其职，工作得热火朝天。

（12）裁齐。晾干的纸还要一张张整理，剪裁整齐，用木板和石块压平整以后，才能打包出售。

图5.17 龙珠村煮原料

图5.18 龙珠村洗涤原料

图5.19 龙珠村机器打碎原料

图5.20 龙珠村抄纸

图 5.21　龙珠村揭纸　　　　　　　图 5.22　龙珠村晾纸墙

造纸工具：

（1）铁锅。用于煮原料，此处建成小型规模的纸厂，对原料的需求量很大，所以使用特制的大铁锅。

（2）自制机器。自制打碎原料的机器，其原理是建一个上高下低的水泥槽，高的一边做一个原料入口，装上可转动的大型刀片，并与电动马达连接。将第二次洗好的原料放入水泥槽装有刀片的入口，再接通电源，马达带动刀片转动，很快就将原料打细，落入水泥槽的低处，方便取用。

（3）竹帘。抄纸用的竹帘是从外省购入的，以前当地有村民制作竹帘，但只是利用闲暇时间制作，产量小；现在村里造纸的人也少了，需求量不大；造纸工匠们介绍说竹帘的制作传人目前仅有一人。制作竹帘使用的竹片削得越细，扎得越均匀，用其制作出的纸张质地就越均匀。纸厂使用的竹帘长约1.5米，宽越0.5米，由三个约45厘米见方的竹帘组成，一次操作可出三张纸，效率非常高。同时该厂使用了日本传入的吊帘，把用于固定竹帘的木框用绳子绑于木梁上吊起，可以大大提高生产效率。

（4）水槽。放纸浆的水槽由水泥砌成，尺寸同样按照竹帘的大小和使用方便来制作，约长2米，宽1.5米，深1米。

（5）刷子。用棕榈制成小刷子，揭纸时用来将纸平整地刷到墙上，刷子是外购的，规格没有特定的要求，其大小一般为可以一只手拿着操作方便为宜。

通过对《云南少数民族手工造纸》和《云南民族手工造纸地图》两

书中的调查资料进行比较分析，可以了解到1998年和2005年，鹤庆还有不少工匠以各家各户为单位进行造纸；而后大约经过6年时间，手工造纸业慢慢消亡。从造纸的过程来看，工艺也存在变化。第一，过去处理构树皮时，要将构树皮放入石灰浆中，强化碱化作用，使构树皮发软、脱皮，而现在则没有这一工序。第二，过去蒸原料要蒸两次，先加石灰蒸一次，蒸好后洗去石灰压干水分，再拌上灶灰蒸第二次，整个过程长达1个月，处理得非常精细；而现在的过程简单得多，只煮一次，煮软即可。第三，以前的造纸过程中，没有加入漂白剂，完全是通过精心处理原料使构树皮纤维中的黄色退去，而现在则是在洗涤后的浸泡过程中加入漂白剂。第四，以前人工舂原料，需要两个人同时进行工作，一个人负责舂，另一个人负责翻，使其舂得均匀，现在则使用机器打碎原料，虽然加快了效率，但是已经失去其原始风貌。第五，所添加的纸药发生着巨大变化，过去是加入沙松树根或者仙人掌做纸药，现在则直接使用聚丙烯氨这种化学原料。第六，以前干燥的方法是用火炕烤干或者太阳晒干，现在则是阴干。相比本书调查的云南其他地区，此处做白棉纸的工序，是加入化学原料最多，也是丢掉传统造纸工艺程序最多的地方，该地现在制造出的纸张耐久性如何，将在后文中做出分析。

  鹤庆的造纸历史悠久，据一些学者鉴定，凤仪北汤天村董氏宗祠发现的南诏、大理国经卷中，有些就是用鹤庆白棉纸抄写的。宋代建造的洱源火焰山塔出土的中草药，亦用鹤庆白棉纸包裹。大理州文物管理所保存的佛图塔出土经卷《大通方广经（卷上）》残卷末，有"玄化寺内造镇"手书，背面有两处用白棉纸裱过，并有手书"至正二十六年太岁丙"等字，说明元至正年间，鹤庆白棉纸已经在玄化寺成批印制经书和裱衬经卷。[1]另外，丽江纳西族现存的部分古老东巴经也是书写在白棉纸上。这些保存了数百年的白棉纸，不但纸质坚厚，而且光滑细密，其工艺水平之高令人惊叹。[2]白棉纸纸质均匀光洁，不易虫蛀和变色，可以长

---

[1] 田遇春，周学凤：《鹤庆新华村——民间艺术之乡》，云南美术出版社2008年版，第83页。

[2] 董晓明：《大山深处的活档案——鹤庆白族民间白棉纸制作工艺寻访记》，载《云南档案》，2007年第4期。

期保存，白族民间常用白棉纸书写绘画，订立契约文书，云南古代流传下来的文献，也多用白棉纸。云南各族人民也广泛使用鹤庆白棉纸，据调查，藏族、彝族可能还有傣族，其经书中都有用鹤庆白棉纸作为载体的。①在云南各民族的手工纸中，鹤庆白棉纸的技艺水平是很高的，可以说是云南最驰名的纸张。科学史专家袁翰青先生曾列举了6种中国有名的手工纸，其中就有云南的皮纸，②即鹤庆的白棉纸。实地调查发现，龙珠村国弟棉纸厂厂长也保存着一些用白棉纸书写的历史档案，其中《51年度龙珠公社人口土地产量调查清册》使用构树和毛竹混合纸浆纸书写；《批斗地主恶霸》一册有的用纯毛竹纸书写，有的用纯构树皮纸书写。仔细翻阅几册档案发现，其纸张的使用没有严格的区分，有的是先用几张白棉纸书写，写完后又接着用竹纸书写，装订册子则使用棉纸搓成的纸线；纸张没有加过漂白粉和聚丙烯氨，比现在生产的纸柔软、轻薄，没有发现虫蛀和发霉现象；竹纸比白棉纸颜色黄一些。这些白棉纸和竹纸档案的保存条件都非常简陋，原来保存在木质档案柜中，现在保存在厂长的木质书桌抽屉里。这些手工纸质档案的书写材料，是松烟黑制作的墨，或者碳素墨水和纯蓝墨水，有的表格则用油印机印刷；书写时字迹会透到纸张背面，所以一般是两张纸折叠装订成一页使用。探究鹤庆白棉纸的制作工艺，分析其纸张耐久性，有利于对如何保护用这种构树皮纸书写的历史档案提出有价值的建议。

5.2.4 保山构树皮纸

保山腾冲市位于云南省西部，西邻缅甸；境内有傣族、回族、傈僳族、佤族、白族和阿昌族六个世居少数民族，民族风情丰富多彩。其中傈僳族在刀杆节表演的"上刀山，下火海"惊心动魄，令人叹为观止。腾冲是南方丝绸之路上的历史文化名城，历经沧桑，积淀了丰实深厚的历史文化，边陲古道的马铃声记录着中、缅、印的商贸历史；春秋战国时期的铜案、铜鼓凝聚着两千多年悠久灿烂的文明；石雕佛像，闪烁着

---

① 李晓岑，朱霞：《云南少数民族手工造纸》，云南美术出版社1999年版，第24页。
② 袁翰青：《中国化学史论文集》，三联书店1956年版，第116页。

中原与东南亚文化交流的光芒；第二次世界大战中，中国军民在这片炙热的土地上抗击日本侵略军，首创全歼侵略者的战例，捍卫了中华民族的尊严。庄严肃穆的国殇墓园里安息着为国捐躯的抗日英烈，数千座墓碑向后人昭示着民族精英抵御外辱的浩然正气。

宣纸，历来是书画家们的爱物。顾名思义，宣纸当然以安徽宣城出品者为正宗，但就产品的色感、质地、吸水性能等内在品质而言，腾冲宣纸也不失为上好的书画用纸，并受到书画界的推崇。1941年底，徐悲鸿大师从东南亚取道腾冲归国之时，曾特意买了三驮腾宣带回，并对一位画者称赞说，腾宣不仅有头宣（宣城纸）的种种长处，而且还有一个头宣所没有的好处：作画后别人无法偷揭，故他认为作画用腾宣是一种很好的选择。腾宣始产于清代，因其产地在城西北近郊的观音塘，故曾被称为"观音塘大白纸"。又因昔时曾有一余姓商家在东南亚专营，故又名"余宣"。中华人民共和国成立后，以过去生产"观音塘大白纸"的手工纸坊为基础，组建生产合作社，在传统工艺的基础上勇于创新，采用高黎贡山一带特有的构树皮以及高秆白谷稻草、麻、竹等原料研制出了新一代产品，投入市场后，质量、规模及销路均向前迈了一大步。1980年，国家工商行政管理局正式批准命名腾冲宣纸厂所产书画用纸为"雪花牌"宣纸，行销全国各地及海外。经过实地调查发现，观音塘目前已被房地产项目开发改造，再难寻觅昔日造纸的盛况，离腾冲不远的界头镇，有一个叫新庄的村子还有人在造纸。

5.2.4.1 保山构树皮纸原料

新庄隶属于界头镇。界头，是腾冲县北部边境的一个镇，沿高黎贡山西麓走向，属龙川江源头上游高黎贡山和西山怀抱中的"花园盆地"，该镇2010年末总人口68 730人，分布有回、白、傈僳等少数民族，占总人口的3%。界头镇历史悠久，早在新石器时代即有先民在这里居住，迄今已有四千多年历史，汉代为永昌府辖地，是西南丝绸古道的交通要塞，唐代有著名城堡"罗哥城""罗妹城"，至今遗址尚存。新庄村委会隶属界头镇，地处界头乡东面。①

新庄村民介绍说，他们村有54~56户人家，主要都是汉族，一说是全村人都在造纸，一说是只有三分之二的人在造纸，具体的数据他们并没有统计过。造纸使用的构树皮也是从外面采购。有附近村庄的人不会造纸，但是会采集构树皮，一般每年夏季采集一次构树皮，简单地去除黑皮以后晒干，在赶集的日子到新庄出售给需要构树皮的造纸人家。

笔者对新庄一户造纸人家进行实地调查，恰巧这家的儿媳妇是外村嫁过来的，她原来所居住的村子里人们大都会采集构树皮（见图5.23），然后出售到新庄。每年的夏季采集构树皮，一年只采集一次，采集时要把构树新发的幼苗留下，只挑选已经长大的树枝，选择长得比竹子稍微粗一些的树枝砍下，并且要注意不能伤到树根，让构树能继续生长。近年来，有的人专门种植构树，用于出售构树皮，他们说不砍树枝反而不利于构树的生长。砍下树枝后修剪叶子，然后马上剥皮，这样比较容易剥下构树皮；如果等树枝干了再剥皮的话则比较困难，需要用水泡，他们称为"回"，"回"3~4个小时以后才能剥皮。剥离下来的树皮还有一层黑色外皮，用小刀把黑色的外皮去掉，保留中间比较白的韧皮部分，也有一些黑色外皮无法完全剥离干净，只能在造纸的时候再挑拣出来。最后是晒干构树皮，天气晴朗的话晒1~2天即可。新庄的造纸工匠买来构树皮后，也要注意晾晒、防潮。

---

① 云南数字乡村网 http：//www.ynszxc.gov.cn/szxc/villagePage/vIndex.aspx？departmentid=105869

图 5.23 新庄外购的干燥构树皮

5.2.4.2 保山构树皮纸制造工艺

在新庄的村口处有一栋非常独特美丽的建筑，立于青葱的田野中，走近了解才知道，原来这是新庄修建的手工造纸博物馆，名称为：高黎贡山古纸博物馆（见图5.24）。该馆由北京燧天下顾问投资有限公司投资修建，国家知识产权局也参与其中，建筑设计者是北京普筑设计公司。现在博物馆的负责人是当地村民龙占先。房屋建好后由于漏雨，又进行了重新修整。龙占先在管理过程中提出很多改进计划，他写了馆中的介绍材料，还编写了《四季造纸歌》，用当地制作的构树皮纸书写后裱糊在博物馆的墙壁上（见图5.25）。馆中还有一些使用构树皮纸印刷的甲马和甲马木刻板，及用构树皮纸制作的小笔记本，笔记本是燧天下顾问投资公司用当地的构树皮纸在北京加工制作的，然后又放到馆中销售。馆中还陈列了一些很厚的构树皮纸，质地很软，龙占先介绍说，他们想仿造东巴纸，就做了一些质地比较厚的，其实原料就是普通的构树皮纸原料。实际上该村主要制作的还是质地比较薄的纸。

 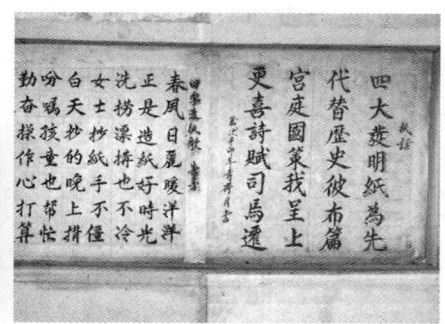

图 5.24　高黎贡山古纸博物馆　　　　图 5.25　新庄造纸歌

龙占先写的造纸歌有如下几种：

《纸话》：四大发明纸为先，代替历史彼布篇；宫廷国策我呈上，更喜诗赋司马迁。

《四季造纸歌——春季》：春风日丽暖洋洋，正是造纸好时光；洗捞漂捡也不冷，女士抄纸手不僵；白天抄的晚上背，吩咐孩童也帮忙；勤奋操作心打算，每天不掉千多张。

《四季造纸歌——夏季》：夏季造纸农事忙，田间地里菜麦黄；外边庄稼要收种，但愿家中不停缸；农药化肥要钱买，手里有钱心不慌；生产成本需到位，以付养农抓住纲。

《四季造纸歌——秋季》：秋季造纸天气凉，不冷不热正相当；良好机遇莫错过，多把构皮煮几缸；赚些钱来买原料，晒干捆好楼上装；冬天原料不脱接，抄纸赚钱是良方。

《四季造纸歌——冬季》：冬季抄纸好市场，有多有少都卖光；印染祭祀小车运；包装市场大车装；交通方便无阻挡，改革开放沾了光；手里有钱办实事，改了旧貌换新装。

另外还有一位名叫索绍香的人，写下了《传统抄（造）纸技歌》，由龙占先誊写下来，贴于博物馆的墙壁上，内容如下：

界头新庄村，抄纸负盛名；历史渊源长，祖师是蔡伦；
业明在中原，洪武年到腾；家家有作坊，个个是艺人；
工序七十二，行行须认真；男女都会做，老幼手不停；

早在封建制，技术不出门；传媳不传女，时代永继承；
原料构皮树，长在灌木林；辣构数量少，高山自然生；
柳构主原料，人工育成林；四季不落叶，管理靠殷勤；
无需施肥料，天然木质纯；年年要间伐，剥皮扎成捆；
表层削干净，晒干可保存；产地不抄纸，历史已形成；
运到街钱卖，售给抄纸人；回家分锅煮，数量自权衡；
清水泡一夜，回潮还原形；利用钢锥划，分成若干层；
片薄好蒸煮，节时省成本；滚水发石灰，锅内水翻腾；
石灰有此例，论构有几开；先用灰水煮，再用木瓦蒸；
火力要充足，熟透气通顶；漂构有条件，水质清又淳；
干净无污染，流速要均匀；一般漂三夜，色白方可行；
过去靠时间，今有漂白粉；打构靠体力，石板要磨平；
栗树做成棒，木质才坚硬；两人对面做，轻重要相匀；
动作有节奏，响声震四邻；反复三四遍，打细才可停；
女士难承受，男子也汗淋；现用打浆机，劳力大节省；
淘构用竹箩，专找清水井；手在箩中搅，远听响共鸣；
杂质淘洗净，水清便可行；剩下淘汁浆，水干抬进门；
抄纸用木缸，或是水泥盆；技术含量高，多为少妇人；
构浆按量放，加入润滑粉；颜色自调配，青蓝黄或橙；
手持圆竹棍，反复搅拌匀；抄纸用帘子，竹丝编织成；
稀密相匀称，犹如工艺品；双手同操作，帘子要摆平；
前后捞两次，水从四边淋；轻重要适度，厚薄才均匀；
纸薄无通烂，即是上等品；颜色也鲜艳，商家买上门；
厚纸不划算，白白费成本；纸放榨盘上，竹篾垫底层；
一张压一张，一层又一层；一天抄一榨，隔夜就不能；
榨盘要结实，榨梁就要沉；排水用力猛，梁细可不行；
过去皮条用，现在是钢绳；以前用撬杠，现用千斤顶；
目的是一个，水干纸成形；刷纸细活路，多为老女人；
揭纸手要轻，把纸分成层；小孩容易做，眼尖手又灵；
拙手不可取，撕烂成废品；贴在墙板上，棕刷压平整；

理纸轻巧活，多为老男人；理好整齐放，皱折要压平；
数纸有规律，五张为一旬；百张为一刀，千张为一捆；
纸好数量足，色白无破损；厚薄又适中，市场有前景；
农村用处广，多为迷信品；花圈纸人马，城市受欢迎；
银行有用处，买去把钱捆；擦揩油机械，无水也干净；
书写笔墨画，百年不变形；传统手工艺，技术永传承；
保存古文化，开创新文明。

从以上的造纸歌和抄纸技术歌可以看出新庄村民如何造纸，如何利用农闲时间，集合全家老少的力量一起参与到造纸的各个工序中，然后出售纸张并创造财富。

目前新庄每5~6天赶街一次，村里人就去卖纸；也会根据顾客的需要，按顾客的要求定做纸张，可以做不同的大小和厚度。纸张可以用来写字，也可以用来包装茶叶。也有客人上门收购纸张，以包为单位计算，一般一包5 000张纸。现在村里人很少自己使用这种纸，主要是外销。调查时在村民家中见到一本用构树皮纸书写的册子，是早期这家人盖新房时登记宾客送礼物的记录，没有发现发霉和长虫的情况。村民说原来村里婚丧嫁娶、盖新房等活动需要登记物品都使用这种纸。他们造纸的工具，主要是竹帘，从外面购买，也有收购纸张的人会出售工具给村里人，有不同的大小，最常见的规格是47厘米×52厘米，采用的也是抄纸法。外嫁来的媳妇也可以学习造纸，一到两天就能学会，但是要熟练地操作需要长时间练习。村民们农忙时不造纸，闲暇时一年四季都造纸，年轻人也很愿意学，都会做。本书深入调查该村一户汉族造纸人家，男主人名叫龙德庄，请他详细介绍了当地手工造纸的情况

新庄汉族手工造纸工艺流程为：采集原料—浸泡原料—煮原料—一次洗涤—二次洗涤—机器打碎原料—制浆—抄纸—榨水—揭纸—干燥。

（1）采集原料。上文中提及，当地外购原料用于造纸，保存构树皮时需要注意晾晒、防潮，待使用时再取出。

（2）浸泡原料。干构树皮使用自来水（他们说的自来水是从山上引下到村里来，可能是山泉水）泡一夜备用（见图5.26），有时会在浸泡时

就加入石灰，直接煮。当地比较缺水，经常性停水，极大影响了村民的造纸活动，他们都非常担心这个问题。

（3）煮原料。泡好的构树皮中加入石灰后煮一天。村中建了公共的场所用于煮构树皮，是几个巨大的水泥池子，将构树皮放到池子里，下面烧木柴煮（见图5.27）。一般煮50千克构树皮，要加8.5~9千克的石灰，造纸工匠们大多数根据自己的经验控制石灰用量。煮好的构树皮还要蒸，煮好以后不清洗石灰就直接蒸。经过反复询问发现，造纸工匠所说的蒸的方法，其实和煮的方法特别接近，只是蒸的时候比煮时少加一些水。

（4）一次洗涤。蒸煮好的树皮放入水里清洗，传统的方法是放在河里洗，但现在煮构树皮的场地旁边，新建有很多公用的水泥池子，供村民们洗涤（见图5.28）。洗去石灰以后再泡1~2天，去除杂质和污水。

（5）二次洗涤。洗去石灰的构树皮，换清水加漂白粉再泡一次，同时挑拣出洗不掉的黑色杂质。村民说最近七八年才开始加漂白粉，但是石灰从很早以前就一直在使用。现在漂白粉的用量是50千克树皮加15或20千克。

（6）机器打碎原料。挑去杂质的原料可以用来打浆，现在都使用机器打（见图5.29），一边加水一边打，打好的放到大木缸中搅动打散，准备制浆。从事造纸的村民家中一般都自己购买小型机器用于打浆。纸张的边角料，或者是撕坏的、没有造好的纸，都可以撕成条状在水里浸泡后，再打碎重复利用。以前是将原料放在光滑的大石板上，用栗树做成的木棒敲打原料，打的时候两个人面对面坐着一起打，要注意轻重均匀，还要有一定的节奏，需要反复打3~4遍，直到将原料打细为止，由于整个敲打的过程很费力，所以一般是由男人来做。

（7）制浆。用椭圆形的大木缸制浆，将打碎的原料加水，搅动均匀，还要加上"滑"，即纸药。现在造纸工匠一般都购买化学原料加入，具体的名字他们没有透露，仅称其为"滑精"。过去当地造纸时加"黄药"和"青药"，可以做有颜色的纸，什么是"黄药"和"青药"，他们也说不清楚。以前他们加仙人掌泡过的水做"滑"，后来觉得使用仙人掌时手上容易被刺扎伤，不方便，便不再使用；而"滑精"用量少，能节省时间，使用方便，现在被广泛采用。

（8）抄纸。使用活动式竹帘，将竹帘放到中空的木架子上，手握左右两边，用木条压稳竹帘使其固定，然后放入纸浆水里滑动捞起，可以捞多次，使纸料在竹帘上均匀地分布，达到一定的厚度，即可取下竹帘，将竹帘倒扣到一块光滑平整的竹篾上，使纸与竹篾粘到一起，即可将竹帘揭开。待重新固定好竹帘，即可造下一张纸（见图5.30）。

（9）榨水。造好的纸一张接一张放到一起，积累到一定高度，则用重物压上，榨干水分（见图5.31）；以前有的造纸工匠家中还使用专门的榨纸台，现在这种榨纸台在当地博物馆里还有。

（10）揭纸。榨干水分的纸，要一张一张分别取下，一张接一张错开一点距离贴到墙上，贴时使用小棕刷（见图5.32），把纸刷平整。有的纸则挂到竹竿或木棍上晾晒。

（11）干燥。干燥的方法是在阳光下晒干或者自然阴干（见图5.33）。

图 5.26　新庄浸泡构皮

图 5.27　新庄煮构皮

图 5.28　新庄洗构皮

图 5.29　新庄打浆机器

图 5.30　新庄抄纸

图 5.31　新庄榨纸台

图 5.32　新庄晒纸用棕刷

图 5.33　新庄晒纸

造纸工具：

（1）小型打浆机器。通电后用于打浆，大大提高了纸张的生产效率。

（2）竹帘。有两种尺寸，67厘米×67厘米和62厘米×62厘米，竹帘均是外购，村民们还可根据客户的要求，准备其他不同规格的竹帘造纸。

（3）大木桶。用来调配纸浆，呈椭圆形，150厘米×180厘米。

（4）榨纸台。用来榨干纸张水分的木台，一般高70厘米，另一边高194厘米，宽80厘米。

（5）刷子。晒纸时使用的刷子，30厘米×18厘米。

腾冲市盛产宣纸的原料构树皮，历史上曾出产白细柔韧的白绵纸，运销省内和缅甸。利用优质原料制造的腾冲宣纸，柔软皮绵，用墨后能渲染分出层次，是书画用纸中的佳品，书画艺术家们乐于选用。后来，腾冲宣纸生产有了很大发展，产量、质量和出口量均居全国第二位，仅次于著名的安徽宣纸。腾冲宣纸白净、细腻、柔韧，用于书写、绘画、制版及制作备忘录、记载、契约，可保存数百年不变颜色，被称为千年寿纸。腾冲是云南省历史文化名城，地处中缅边界，是我国重要的口岸。腾冲受汉文化和其他外来文化影响颇多，手工造纸历史悠久而发达。据史书记载："纸出小西（指观音塘小西人），有双抄纸，较为坚实。"光绪《腾越厅志》也说"纸出小西界头"。《腾冲县志稿》也提到："清初，江西人到腾制造白纸。小西人学得此艺，凤鸣因产枞皮，亦多习此，土纸与白纸同时发明，曲石、瓦甸产竹最多，亦能仿造。"腾冲纸最有名的是观音塘的白棉纸，据说已有500年历史，并以制朝靴底（厚壳纸）而闻名。[①]实地调查发现，观音塘的手工造纸作坊已经消失，现在界头乡新庄还有很多村民在造纸。

新庄居民多姓"龙"，龙姓的流源和新庄的造纸历史有密不可分的关系，据新庄龙上寨"龙姓祖传家谱"记载："始祖龙舞，原籍湖南省长沙府江宁县下马头人氏。……洪武十五年克取大理，……洪武十六年征进邓川、蒙所等处。……十代祖龙时广，于明末（公元1628年）顶军钦调腾冲，编为左上王五军入册一户，……为云南腾冲县王捷元总旗首府管辖与小旗入册……其后设九关八隘（应为八关九隘）"，将龙姓小旗拨往界头练，落业于罗妹城，同蒋映登管领大塘隘口。据传，到罗妹城后，因龙家大田争水启（肇）事，遭人命一案，将家史写造为家谱，各执家书避难逃生，分布居住，打苴龙家营一支，界头新庄一支，据传流往舜山一支，原住罗妹一支。新庄支又分为四支，十一代祖龙水，生有五子，第五子龙辉剑生有四子，长子龙思孟坐落龙上寨沟外，次子龙思文坐落龙中寨，三子龙思敏坐落龙下寨，四子龙思元坐落在龙上寨沟外。据龙姓的传说，新庄龙上寨、龙中寨的这一支就是手工抄纸的祖先，据此推断新庄的造纸技艺应是从中原传入，是龙姓祖先将造纸工艺带到新庄，利用当地丰富的植物纤维原料滇结香树皮（构皮），就地取材，且世代沿袭至今；从这一记载来看，界头乡的造纸术由湖南人传入，是龙姓始祖来云南时带来的。但是在民国《腾冲县志稿》中也记

---

① 杨建昆：《云南民族手工造纸地图》，云南科技出版社2005年版，第82页。

载了新庄的造纸,则是由江西人传入,书中记载:"清初江西人到腾制造白纸,小西人(指小西观音塘人)学得此艺,凤鸣因产构皮,亦多习此。"这里提到的凤鸣就是今天的龙上寨、龙中寨一带,因抄纸的历史悠久,名声很大,并载入史书。这两种说法都有待进一步的考证。

新庄的造纸技艺在旧社会传男不传女、传内不传外,一般以户为单位进行手工作坊式生产。中华人民共和国成立后曾经以生产队为单位进行造纸,改革开放以后重新恢复了家庭生产,传承方式也更为自由,龙姓女子嫁到本村的外姓人家,也会将造纸技艺带过去。目前新庄各家各户的造纸工艺流程基本一致,不排斥传播与交流。在基本工艺之外,每户人家又都有自己的一些诀窍和心得,当地人称为"方子"。"方子"好的人家造出的纸质量好,形成口碑后销量也大一些。"方子"虽然不排斥与关系好或者血缘近的人家之间互相交流,但对于村外人则是保密的。

5.2.5 曲靖构树皮纸

曲靖罗平也有手工造纸,罗平位于云南省东部,滇、桂、黔三省(区)结合部,地属曲靖市。东沿黄泥河与贵州省兴义市接壤,南与广西西林县隔南盘江相望,西南邻师宗县,西至北界分别与陆良、麒麟、富源3县(区)接界,有"鸡鸣三省"之称。罗平历史悠久,西汉时曾设夜郎国,隶牂牁郡。隋为南宁州属地。唐初隶南宁州总官府,贞观年间为郎州属地。天宝年间为罗雄部,属南诏石城郡。宋为东爨乌蛮三十七部之一,隶大理国石城郡。元至元十三年(1276年)置罗雄州辖亦佐县,属曲靖路。明万历十五年(1587年)更名罗平州,属曲靖军民府。清沿之。民国二年(1913年)始称罗平县,属滇中道。民国十八年(1929年)废道,曾直隶省。1950年3月成立县人民政府,属宜良专区,1954年并入曲靖专区。1958年10月撤销罗平县建制,并入师宗县。1959年1月,恢复罗平县建制至今。

板桥镇位于曲靖市东南部,罗平县东部,境内住有汉族、彝族、哈尼族、壮族、苗族等民族,少数民族人口1 915人,占总人口的3.7%。该镇所辖募补村,隶属募补村委会,该村委会因驻地募补村而得名,"募补"原为"姆补",系彝语,意为庙宇边放马之地,后演化为募补。

5.2.5.1 曲靖构树皮纸原料

募补村当地居民介绍，本村有300多户人家，姓幸的有100多家，他们的祖先在300多年前逃亡到当地，初到这个地方，给姓罗的彝族人做帮佣。后彝族家族衰败，村里只留下一个80多岁的老奶奶还健在，此外村里基本上是汉族。以前，造纸的人家都供奉蔡伦的塑像，如今很多传统都丢失了，现在造纸的手艺人都说不清这造纸术是从什么地方传来。目前造出的纸张主要供应周边的纸火店做祭祀和宗教活动用纸，这些纸张质地很薄；另外一个重要的用途，是有专门定制的加厚纸，用来记录村里的土地买卖、签订契约等重要活动，当地人都说用这种纸签订的契约能长时间保存，不易腐坏。目前，当地政府也出资保护手工造纸这一古老的技艺，为村里人新修造纸的作坊和煮原材料的大炉，村民都很高兴。但是现在年轻人多数都外出打工，平时只有老人在造纸，年轻一辈只有逢年过节回家时才造纸，村民们也都很担心这种工艺会失传。

募补村使用的造纸原材料是构树皮，大多是从外面采购粗加工过的构树皮（见图5.34）。因为这个村祖辈都在造纸，延续了很多年，所以有专门的人到此地贩卖构树皮。当地村民也自己采集少量的构树皮，一般在春天构树发芽时采集，时间大约持续一个月，原来一年采收一次，有时候原料供不上造纸的需要；但是现在一年他们采集两次，造纸的原料供应很充足。村民分析由于现在气候变暖，使树木生长得快，所以能多采集树皮；他们认为采集树皮对构树的影响不大，树长得太大以后，容易被虫蛀蚀而毁坏，所以采集树皮用于造纸，有效利用了资源。当地的构树生长在村落的田间地头，生命力很强。造纸工匠购买来的构树皮，晾晒在自己家造纸作坊的屋顶上，这些树皮发黑，可以看出在采集的时候，没有及时把外层黑皮剥掉。造纸工匠说，很早的时候当地人就用这种树皮造纸，造出的纸也发黑；那时候为了去掉黑皮，洗涤时候用力地用脚踩压，但是即使脚踩出血也无法把黑色完全去除；而现在他们在后续工艺中加入化学药品，使纸张变得洁白，具体的操作方法将在下文中介绍。

图 5.34 募补村外购构树皮

5.2.5.2 曲靖构树皮纸制造工艺

曲靖罗平县板桥镇募补村一直有构树皮纸制造业,这个村离罗平县城约30千米,离板桥镇约5千米,交通方便,路途上可以见到大片大片的油菜花田。募补村一般在每年11月到次年1月农闲的时候造纸。笔者在募补村开展实地调查时,姓幸的老工匠热情地给笔者介绍了他家造纸的工艺。他说现在政府很支持他们造纸,拨钱为他们重新修建了造纸的作坊,原来他们造纸的地方很旧,是露天的,没有墙,抄纸的水槽上架几个木棍,盖上遮阳布即可。现在新修的纸坊有石棉瓦顶和砖墙,造纸工匠们都感到非常高兴,村里还统一建了煮树皮的大炉子,煮原料方便多了。

募补村的造纸工艺流程为:采集原料—浸泡原料——次煮原料—一次洗涤—二次煮原料—二次洗涤—舂料—制浆—抄纸—榨水—揭纸—干燥。

(1)采集原料。造纸原料外购或在当地采集,具体情况可见上文中的论述。

(2)浸泡原料。干燥的树皮使用前,要浸泡三四天的时间,纸坊旁边流经一条小溪，构树皮就泡在小溪里，泡到软，有点发臭为止。

（3）一次煮原料。泡好的树皮加石灰，煮第一次，要用大火，黑色汁液会流出很多，煮原料的主要目的是去黑皮。当地现在煮原料用的是水泥砌成的大高炉，上面放构皮，下面烧柴或煤，煮到外皮脱落开始发软为止。

（4）一次洗涤。煮好后在村中小溪里洗涤原料，此时主要是洗去石灰。上游有妇女洗衣服，下游有造纸工匠们洗涤蒸好的原料，此时洗出的水又黑又黄。过去洗涤时，要把原料放到一块大石板上，用脚用力地搓揉构树皮，把外层的黑皮去掉，但是有时候脚都搓出血还无法把黑皮完全去除。现在则不再用脚搓，而是在后面的工序中加入漂白粉，使造出的纸张变得洁白。

（5）二次煮原料。第一次洗涤后晒干，加烧碱，煮第二次，目的也是去除黑皮。

（6）二次洗涤。第二次煮完的构树皮，放到河里泡、洗，此时构树皮呈现出棕色，整体颜色更加均匀，比起第一次煮之前的构树皮更柔软。

（7）舂料。第二次洗涤后，不晒干，直接用机器打碎纤维。机器主要是电动马达带动的一组刀片，用刀片初步打碎，此时纤维还比较粗，不能用于纸张的制造。打碎后将纤维收集到纱布大口袋中，再进行最后的清洗和打碎，这个步骤需要一个人穿着防水服装站在齐腰的小溪里，把木质工具（见图5.35）绑在纱布袋子里用力地打碎原料，边打边洗（见图5.36），直到原料被完全打碎，融合成面团一样的形状时，再用脚踩干水分，从袋子中取出块状原料，即可进行制浆。一般一户人家处理一次构树皮，便制作多块原料储存备用，保存期为1~2个月。一般家庭先用一部分专门的时间洗涤和煮构树皮，制作好几麻袋的块状原料（见图5.37），等抄纸一段时间后将原料用完，再重新开始加工原料。制作块状原料时，还要加入漂白粉，提高成品纸的白度。漂白粉可以在制作原料时候加入，也可以在用原料制浆时候加入。如果有人定做用于包茶叶的纸，则不加漂白粉，以免影响食品安全。一般情况下，一块原料可以做500张左右的纸，加厚纸则另计。

（8）制浆。制作纸浆，使用村里的"龙滩水"（估计是地下水，造纸工匠说此水冬暖夏凉），先用水泡仙人掌（见图5.38），仙人掌就是纸药。浸泡的主要目的是取得仙人掌的黏稠汁液，不加入这种水造纸，纸张结合不起来。做100张纸，大概加两桶仙人掌水。然后把一块原料放入石槽中打碎，泡开。由于一次加满一池的水，也无法用完一块原料，所以先搅拌一部分原料，使其往上浮，再用宽大的竹帘压住一部分原料，使其沉底。然后把上面部分的原料搅拌均匀，制作100张左右的纸以后，再把压住的原料翻起来一次，翻多少数量，全看造纸工匠的经验。

（9）抄纸。抄纸使用的主要是木制工具和竹帘、大石槽。其中只有竹帘是从四川购入，盘州生产，也有上百年历史。抄纸的过程是：把竹帘放到木制长形架子上，木架子中空，再用竹片或木片压住竹帘两头防止松动，在纸浆水中滤起一两次，即得到纸张（见图5.39）。实地调查的造纸工匠使用的竹帘为长方形，由两块正方形的竹帘组成，所以抄一次能出两张纸。抄纸的工作在村里多是男人在做。

（10）榨水。抄好纸后顺序放在石台或者木架子上，摞成整齐的一大堆后，上面再加上大的木棍等重物挤压，以榨干水分（见图5.40）。

（11）揭纸。榨干水分的纸带回家里揭开，一般都是妇女来操作该步骤（见图5.41）；揭下的纸，一张一张贴于木板上，一边揭一边用嘴吹，整理形状，贴合每张纸时之间要间隔一定距离。贴好很长一条后，就从木板上取下，挂到竹竿上晾。

（12）干燥。当地干燥的方法是将纸晾在房间的阴凉地方（见图5.42），不能用太阳暴晒，晒出的纸会更白，但是纸会蓬松，韧性不足。

图5.35 募补村舂料工具

图5.36 募补村人工舂料

图 5.37 募补村块状原料

图 5.38 募补村浸泡仙人掌汁

图 5.39 募补村抄纸

图 5.40 募补村榨纸

图 5.41 募补村揭纸

图 5.42 募补村晾纸

造纸工具：

（1）水泥大炉。用于煮构树皮，现在用水泥制成，全村人公用，下面烧柴或煤。

（2）打浆机器。打浆用的机器和大理鹤庆龙珠村的很相似，都是用马达带动刀片来操作。

（3）木棍。造纸工匠自制专门的木棍打浆，木棍一端有圆形的头，很像一个小蘑菇，头中间为锥形，有利于打碎原料。

（4）水槽。石质的大水槽，用来制作纸浆。

（5）竹帘。从外面购买竹帘，和大理鹤庆龙珠村及保山腾冲界头新庄的竹帘非常相似，只是尺寸不同。龙珠村使用的竹帘是由三个方形竹帘组成的长条形，一次可以出三张纸；新庄的是一个方形的竹帘，一次只能出一张纸；而募补村用的是两个方形竹帘组成的长条形竹帘，一次出两张纸。

（6）榨纸架。榨纸架由两部分组成，一部分是平台，另一部分由木板和木棍组成，有一定重量。抄出的纸一般放于平台上，抄出一摞以后，将榨纸架上有木板和木棍的一边放下来，利用重力将纸中的水榨干。

当地俗话说："造纸72道工序，最后还吹一口气。"造纸的工序不能仅听取造纸工匠口头讲述，很多细节只有操作过以后才能体会。造纸很累也不赚钱，大多数是老人在家做，年轻人都出门打工去了，但是年轻人回家时会参与造纸，现在手艺还没有失传。罗平附近的几个县都来购买募补村的构树皮纸，其中买得最多的是布依族，其他还有白族、水族、苗族和彝族等。这些纸现在一般用来做爆竹、包装纸、冥纸和花圈等。民国时期，这种纸张大多数用来写字，还可以用来裱糊窗户。现在他们还专门做加厚的纸张，用来写一些田地买卖契约，或者生活中其他的一些重要契约，因为这种纸张可以长时间保存，不易被虫蛀蚀。这种纸张的耐久性，将在后文中进一步分析。

5.3 云南构树皮纸耐久性分析

通过实地调查,取得五种构树皮纸样品,用于试验分析,几种样品取得的地点和造纸方法如表5.2所示:

表 5.2　构树皮纸样品情况表

造纸地点	造纸民族	造纸法
临沧耿马傣族佤族自治县孟定镇芒团村	傣族	抄纸法
西双版纳州勐海县勐混镇曼召村	傣族	抄纸法、浇纸法
曲靖罗平县板桥镇募补村	汉族	抄纸法
大理白族自治州鹤庆县松桂镇龙珠村	汉族、白族	抄纸法
保山腾冲市界头乡新庄	汉族	抄纸法

表5.2中所示西双版纳州曼召村,有两种造纸法并存的情况,试验所用取得的样品是用抄纸法制作的书写纸,目前该村主要用抄纸法制作纸张,用这种方法制作的纸张比用浇纸法制作的质地略薄;调查时只发现有一户人家用浇纸法制作包装纸,用这种方法制作的纸张比用抄纸法制作的质地略厚。

肉眼观察和用手触摸这五种纸张,纸张质地最好的是临沧耿马傣族佤族自治县孟定镇芒团村傣族制造的书写纸,这种纸张是五种构树皮纸中最厚的,韧性很好,颜色呈乳白色,非常古朴自然;质地均匀、平整、光滑,很难区分正反面;纸张背面的帘纹极其均匀细小,几乎看不出来;透过光线能看到其纤维成分均匀分布。目前在芒团村中,村民和寺庙都使用这种纸张书写经书(见图5.43、图5.44),单面书写,折叠成长条状保存,经书外面有护封,刷以黑漆或红漆,再用布包裹好,存放在家里或寺庙的神龛中,取出经书时,先要祭拜一番表示敬意。村民说,这种经书放在家里至少要保存50年,甚至更久,纸张很少有虫蛀或发霉现象，能保存得非常好。这种纸张表面光洁，其原因应该是使用砑光工序，在实际调查时看到的造纸工序中，芒团纸和曼召纸都是傣族制作，他们都使用该工序。

图 5.43　芒团构树皮纸经书（1）　　图 5.44　芒团构树皮纸经书（2）

　　纸张质地第二好的，是西双版纳州勐海县勐混镇曼召村傣族制造的书写纸。这种纸张比芒团的纸稍微薄一点，但是相比其他三种较厚；色泽比芒团纸略深一些，是几种构树皮纸中最深的，非常古朴；其质地非常均匀、平整、光滑，同样很难辨别帘纹的痕迹，不易区别正反面；透过光线能看到纤维成分均匀分布。这种纸张与芒团纸非常接近，乍一看除了颜色有一些差别以外，手感非常相似。从后续的试验结果分析，两种纸张的性能也非常接近。目前在曼召村中，制作两种纸张，一种用于包装茶叶，较薄；另一种用于书写，较厚，本书取样用于试验的是较厚的书写纸。该书写纸现在是村民书写经书必不可少的材料，每户人家盖房、娶亲、送葬等活动都要写经书；村中的佛寺中的僧人也用这种纸写经书。经书单面书写，折叠成长条状保存，有的有护封，刷以黑漆或红漆；有的没有护封，或者外面装订上一块布作为保护（见图5.45、图5.46）。调查中见到村民家中有一本保存200多年的经书，没有虫蛀或发霉的情况，书中的彩色图画色彩清晰艳丽。

图 5.45　曼召构树皮纸经书（1）　　　　图 5.46　曼召构树皮纸经书（2）

纸张质地第三好的，是曲靖罗平县板桥镇募补村汉族制造的构树皮纸，这种纸张薄而柔韧，呈乳白色，质地平整均匀，看不出帘纹，较难区别正反面；这种纸张也能透光，透过光线可清晰地看到纸张纤维均匀分布。在募补村，这种纸张主要用于包装茶叶，仅有少量的书写需求。有时造纸工匠会做一些较厚的纸张，用于书写田地买卖契约等重要文书；在机制纸还没有普及的时代，当地人主要使用这种纸张书写。

大理白族自治州鹤庆县松桂镇龙珠村制造的构树皮纸，质地较差。由于加入了聚丙烯酰胺这一化学原料，纸张较薄，而且发脆，没有柔韧感，这种纸张也呈乳白色，表面均匀、平整，同样看不出帘纹，无法区分正反两面；透过光线同样能清晰看到纸张纤维的分布。鹤庆纸又称为白棉纸，曾有"安徽宣纸甲天下，鹤庆棉纸誉西南"的美誉，过去是很好的书写纸，曾用来写经卷、契约等；目前随着手工造纸业的凋零，古老的白绵纸已无迹可寻。试验使用的纸张样品虽然添加过化学原料，但可以和没有添加过化学原料的纸张进行比较研究，也具有一定价值。

质地最差的是保山腾冲市界头乡新庄制造的构树皮纸，这种纸极薄，透过其可以清晰看到其他书籍的印刷字迹，如果纳西族、藏族或普米族等用竹笔书写，则无法使用这种纸张，极容易刮破纸张。这种纸呈乳白色，纸张表面很平整、均匀，很难看出帘纹，无法区分正反面；用手触摸时，没有柔韧的感觉，却感觉发脆，可能是添加过化学原料的原因。造纸工匠们没有透露所加原料的具体名称。腾冲纸曾有"千年寿纸"的美誉，很多书画家乐于使用，其产量、质量和出口量曾居全国第二，如今随着手工造纸业的消亡，腾冲纸业的传承与发展也面临着危机。

5.3.1 云南构树皮纸纤维分析

1．临沧芒团村纸张纤维分析

观察其整体，纸张纤维结合紧密（见图5.47），比较其他的构树皮纸，是结合最紧密的一种，结合方式以纵向结合为主，后续纸张测试的数据也表示出芒团纸在几种纸张中性能较好。使用这种纸张制成的档案，耐久性是比较好的；如果要修复一些傣文纸质档案，可以考虑先与这种纸张比较相似度，如果比较相似的话，可以考虑用该种纸修复。观察其细节，纤维中间还存在一些结晶的小颗粒，由于该种纸张的制作过程并没有加入化学原料，也没有加入纸药，仅在煮的过程中加入过草木灰，所以这些颗粒应该是残留下来的草木灰（见图5.48）。

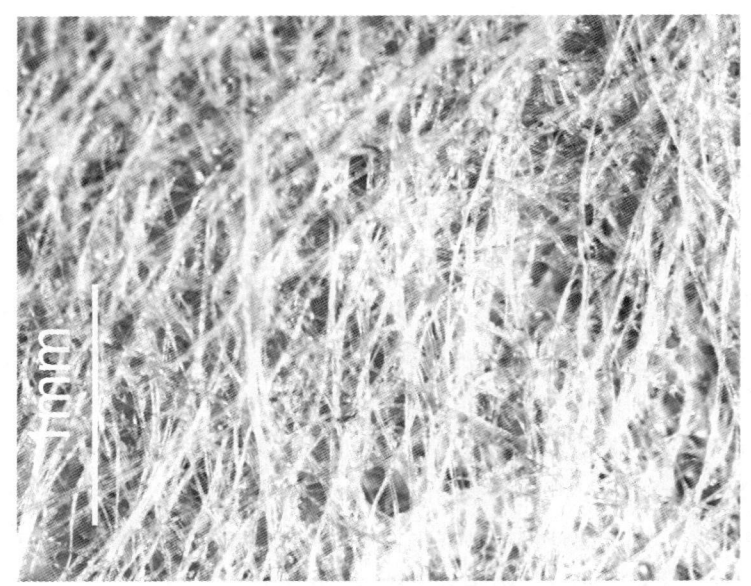

图 5.47　芒团构树皮纸纤维图（整体）

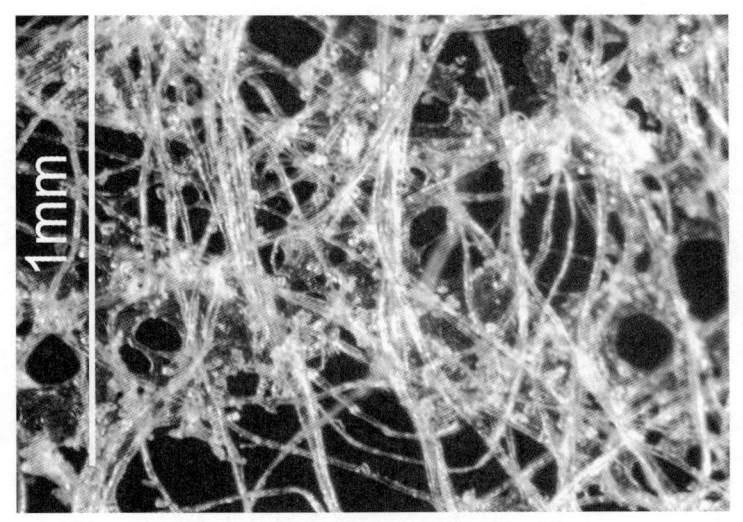

图5.48 芒团构树皮纸纤维图(细节)

2. 西双版纳曼召村纸张纤维分析

西双版纳曼召村制作两种纸张,一种较薄,用于包茶叶;另一种较厚,用于书写。使用电子显微镜分析其书写纸,该书写纸的纤维图与芒团纸极其相似,观察其整体,纤维多呈纵向分布,结构紧密、均匀(见图5.49),比较其他构树皮纸,也是结合非常紧密的一种,纸张测试的数据也表示出曼召纸在几种纸张中性能比较优秀。观察其细节,也有一些晶体残留,是其制造过程中加入的草木灰(见图5.50)。

观察使用这种纸张制成的有十多年保存历史的傣文经书纸张,其纤维图与现代制作的纸张纤维结构基本一致,从整体上看纤维也多呈纵向分布,结构比较紧密,均匀(见图5.51);从细节图上也能看出一些小晶体的残留,与现代的纸张一致(见图5.52)。

以上分析说明曼召村近十年来制作的书写用纸,纤维结构基本没有改变,非常一致;其造纸工艺应该也变化不大,是保留得比较好的传统手工造纸工艺。如果使用这种纸张修复一些类似的傣文档案,应该是一种比较好的选择。

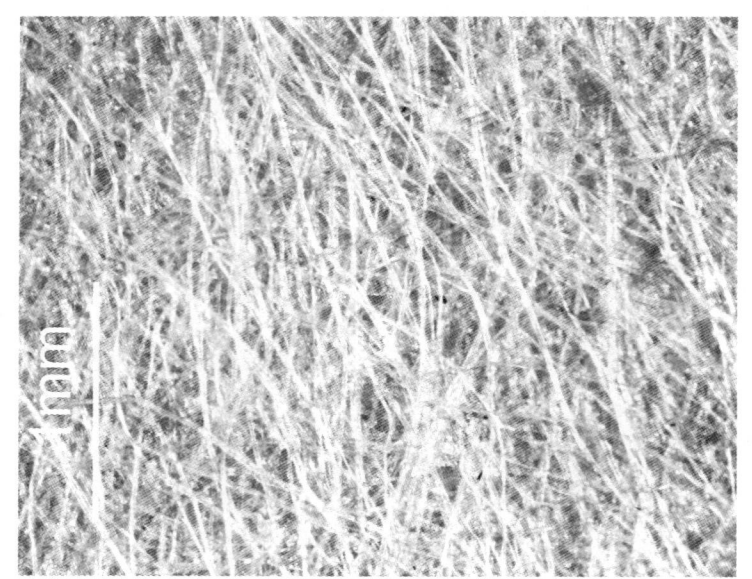

图 5.49 曼召构树皮纸纤维图(整体)

图 5.50 曼召构树皮纸纤维图(细节)

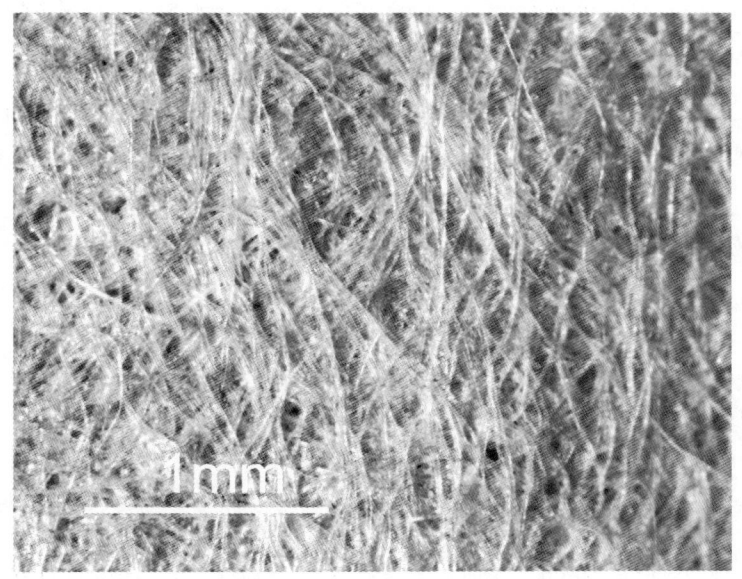

图 5.51 曼召构树皮纸经书纤维图（整体）

图 5.52 曼召构树皮纸经书纤维图（细节）

3. 曲靖募补村纸张纤维分析

观察其整体，纸张纤维结合比较均匀，但是没有上述两种纸张紧密（见图5.53）；观察其细节，纸张同样残留有一些小颗粒，应该是煮原料时加入的石灰残留（见图5.54）。

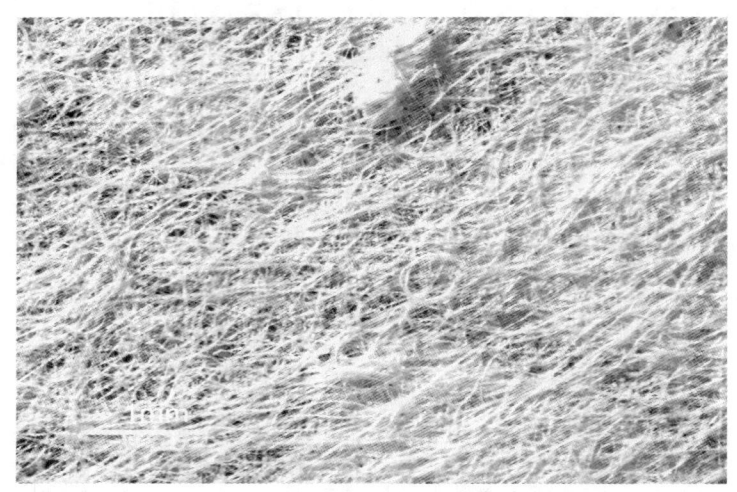

图 5.53　募补村构树皮纸纤维图（整体）

图 5.54　募补村构树皮纸纤维图（细节）

4．大理龙珠村纸张纤维分析

观察其整体，纤维结合与曲靖募补村纸很相似，但是没有芒团村和曼召村的纸张结合度好，纤维结合有纵向也有横向（见图5.55）。观察其细节，纸张中也有小颗粒晶体残留，因为该地造纸过程中，煮原料时加入碱，浸泡原料时加入漂白粉，制浆时加入聚丙烯酰胺等多种原料，所以应该是这些物质的残留（见图5.56）。

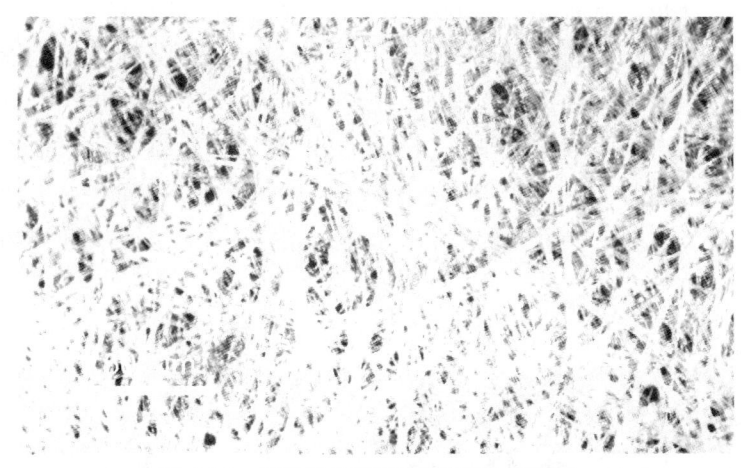

图 5.55　龙珠村构树皮纸纤维图（整体）

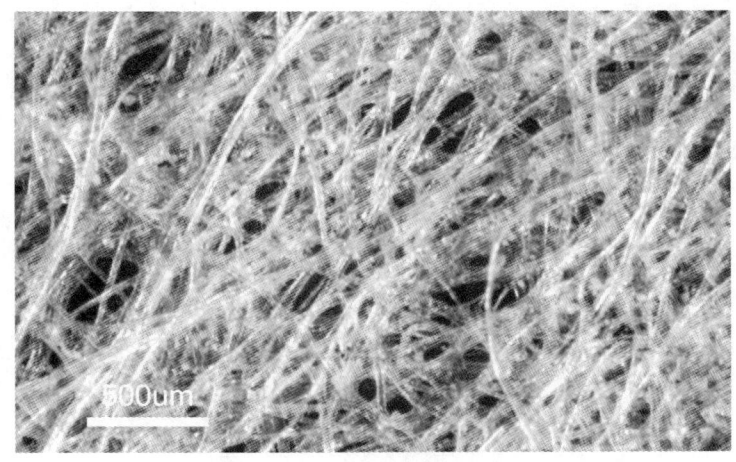

图 5.56　龙珠村构树皮纸纤维图（细节）

5. 保山新庄纸张纤维分析

观察其整体，纸张纤维结构比较均匀（见图5.57）；观察其细节，有小颗粒晶体残留，其造纸过程中煮原料时加入石灰，然后加入漂白粉漂洗，制浆时还加入"滑精"，所以应该是这些物质的残留（见图5.58）。

实际调查时，造纸工匠送给笔者一张年代久远的老纸，他也说不清是何时留下的，纸张有一些发黄，但是很柔韧，没有出现破损的情况。造纸工匠保存纸的地方就是家里的木柜子，保存条件不好，他也没有意识到要如何保护纸张。从这张老纸的纤维图可以看出，纤维结合情况比现代制造的纸张结合得更好，更加均匀与紧密，多呈纵向分布（见图5.59）；从细节上看，颗粒残留的情况明显较少，因为过去造纸使用的纸药是仙人掌汁，没有使用漂白粉和"滑精"，能减少颗粒残留的情况（见图5.60）。

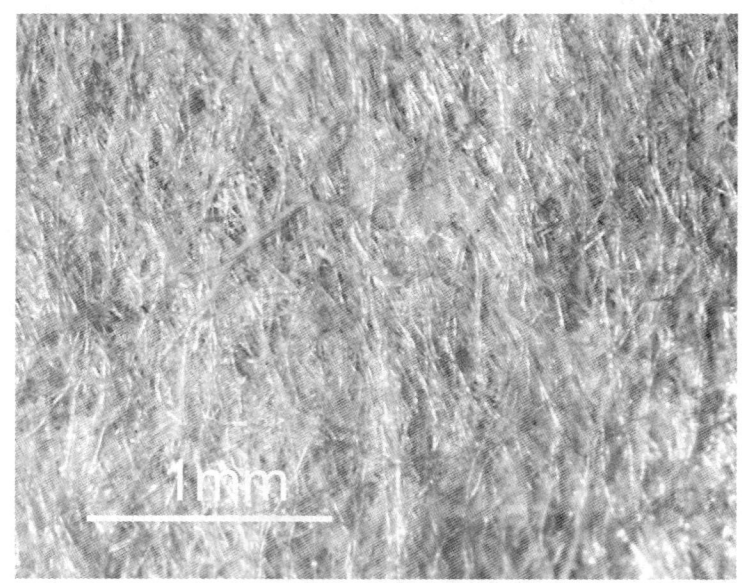

图 5.57 新庄构树皮纸纤维图（整体）

图 5.58　新庄构树皮纸纤维图（细节）

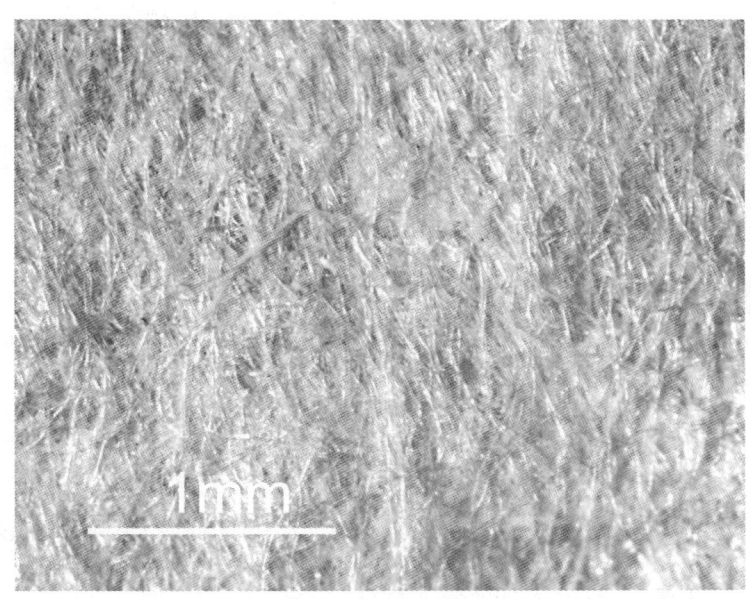

图 5.59　新庄古老构树皮纸纤维图（整体）

图 5.60 新庄古老构树皮纸纤维图（细节）

综合上文分析可知，两种傣族制造的构树皮纸外观较厚、且柔韧，其纤维结构比较紧密，均匀；其他三种汉族、白族制造的构树皮纸，外观较薄，同时纤维结构也较松散，但总体上来看较均匀。

5.3.2 云南构树皮纸耐久性测试

对上述五种构树皮纸样品进行定量、耐折度、撕裂度、抗张强度四项测试，结果如表5.3所示。由于傣文经书和已保存十多年的老纸比较珍贵，不便用于试验，所以没有用于测试。

表 5.3 云南构树皮纸试验数据

造纸地点	定量／($g／m^2$)	耐折度／次	撕裂度／CN	抗张强度／($kN／m$)
临沧耿马傣族佤族自治县孟定镇芒团村	45.30	437	304.8	0.75

续表

造纸地点	定量／(g／m²)	耐折度／次	撕裂度／CN	抗张强度／(kN／m)
西双版纳州勐海县勐混镇曼召村	35.08	419	282.4	0.89
曲靖罗平县板桥镇募补村	24.08	无法测试	135.2	0.13
大理白族自治州鹤庆县松桂镇龙珠村	26.30	382	140.6	0.43
保山腾冲市界头乡新庄	16.60	无法测试	60.7	0.29

（1）定量数据分析。

从定量数据可以知，这几种纸中，最厚的是芒团村纸，试验数据与肉眼观察的情况一致。其次为曼召村纸，募补村纸和龙珠村纸的数据非常接近，数值最低的是新庄纸。芒团村纸和曼召村纸与竹纸数据很接近，但是数值与东巴纸差距比较大；总体看来，数值偏小。我国对于书画纸的标准中规定定量的范围是26.0（±2.0）~30.0（±2.0）g／m²，这几种纸中，募补村纸和龙珠村纸比较符合该标准；即从定量这一标准看，这两种纸适合充当传统工艺加工的中国书法、绘画、水印、古籍印刷、装潢、拓裱等艺术用纸。其他纸张定量过大或过小，不适宜使用。此外，我国对于单面书写纸规定的定量范围是25.0（±1.3）~40.0（±2.0）g／m²，这五种纸张中，芒团村纸已经高于这一范围，可以用于双面书写；而新庄纸还达不到这一标准，即不适合用于做书写纸。从实际情况考虑，新庄制造的纸张如此之薄，应是为了易于出售给茶厂用来包装茶叶，而忽略了纸张的书写功能。

（2）耐折度数据分析。

测量耐折度数据时，由于需要施加9.8 N的拉力才能进行试验，试验过程中反复操作多次，都无法测试募补村纸和新庄纸，因为其纸张太薄，一拉就发生断裂。只有芒团村纸和曼召村纸，可以施加9.8 N的力以后进行测试，这两种纸的数据值，接近于东巴纸的数据；龙珠村纸施加9.8 N的力无法测试，所以调整到4.9 N，即施以原来一半的力时，才测到数据，该数据是所有用于测试的纸张中数值最低的。总体来看，构树皮纸的耐折度数值居中，东巴纸最好，竹纸完全无法测量，较差。

（3）撕裂度数据分析。

分析撕裂度数据可知，芒团村纸的数值最大，其次是曼召村纸，募补村纸和龙珠村纸居中，新庄纸数值最小。结合我国书画纸标准分析，撕裂度的标准是120～200之间，这五种纸张中，新庄纸不达标，芒团村纸和曼召村纸又超过了标准，募补村纸和龙珠村纸达到了这一要求。所以通过分析撕裂度数据可知，新庄纸不适合用于档案纸张材料的拓裱和修复。所有该项数据中，还有楚雄九渡村竹纸和文山者卡村竹纸达不到该标准，而东巴纸则都超过了该标准。

（4）抗张强度数据分析。

据抗张强度的数据可知，曼召村纸的数值最高，募补村纸的数值较低，即在纸张受到同样张力拉扯时，募补村纸易受损坏的程度较高，曼召村纸易受损的程度相对较低。对比所有测试的纸张，东巴纸最好，构树皮纸居中，竹纸最差。

综上所述，云南的构树皮纸各项性能指标居中，居于东巴纸与竹纸之间。根据传统工艺加工中的中国书法、绘画、水印、古籍印刷、装潢、拓裱等艺术用纸的测试标准《中华人民共和国轻工行业标准——书画纸》（QB/T1599——1992），募补村和龙珠村制造的纸张比较符合该标准的规定。目前很多纸质档案受损后，需要进行拓裱修复，在云南手工制造的纸张中，只有募补村和龙珠村制造的纸张比较适合用于修复工作。芒团村和曼召村制造的纸张，虽然不适合用于拓裱，但是本身性能出色，作为傣文档案书写用纸也有一定的历史时间，适合继续使用。而新庄制造的纸张质地较薄，透光，各项性能指标数值也不理想，所以不应作为档案修复用纸，也不适宜再作为档案书写材料使用。

第6章 制造工艺对手工纸耐久性影响的综合分析

6.1 造纸原料对手工纸耐久性影响的比较研究

经实地调查了解，县存云南手工造纸活动中，使用的原料主要有竹、荛花、狼毒、构树皮四种（见表6.1）。

表6.1 实地调查云南省造纸原料汇总表

地　　点	民族	原料	纸张主要用途
楚雄州禄丰县恐龙山镇九渡村	彝族	钓鱼慈、箭竹	书写彝文经书、祭祀
文山州广南县坝美镇者卡村	壮族	钓鱼慈	祭祀、做爆竹
丽江大具乡肯配古村	纳西族	瑞香荛花	书写东巴经书
迪庆州香格里拉市三坝纳西族乡白地村	纳西族	瑞香荛花	书写东巴经书
迪庆州香格里拉市尼西乡枪朵村	藏族	瑞香荛花、瑞香狼毒	书写藏文经书、文书
西双版纳州勐海县勐混镇曼召村	傣族	构树	书写傣文经书
临沧耿马傣族佤族自治县孟定镇芒团村	傣族	构树	书写傣文经书
大理白族自治州鹤庆县松桂镇龙珠村	汉族、白族	构树	书写、祭祀、包装纸

续表

地　　点	民族	原料	纸张主要用途
保山腾冲市界头乡新庄	汉族	构树	书写、祭祀、包装纸
曲靖罗平县板桥镇募补村	汉族	构树	书写、祭祀、包装纸

6.1.1　竹原料对手工纸耐久性的影响

本书实地调查受人力物力与所各地区交通条件所限，仅对两个地区的手工竹纸制作情况进行调查，一是楚雄州禄丰县恐龙山镇九渡村，二是文山州广南县坝美镇者卡村。他们所造的竹纸外观呈深黄色，质地粗糙，拿起来抖动时有灰尘掉落。查阅文献资料发现，云南地区还有很多手工制造竹纸的记录（见表6.2）：

（1）大理州鹤庆龙珠村用苦竹和山竹造纸。李晓岑在《云南少数民族手工造纸》一书中记录：在云南各民族生产的竹纸中，龙珠竹纸的质量是我们所见到的最好的手工竹纸。其匀细、光洁、柔软皆属上乘。一些龙珠的老纸工告诉我们，过去龙珠生产的竹纸最驰名的是水红纸和红青梅纸，适于书写用，远销西南各省，民国时还作为报纸用纸。[①]现在，经过实地调查询问当地村民，他们说目前受到机器造纸的冲击，很多年前龙珠村的竹纸制造业已经消亡，有的造纸工匠到外地打工，有的到机器造纸厂去工作，这项技术在龙珠村已经失传。

（2）西双版纳景洪流沙河一带的傣族也制造手工竹纸。当地人说是从墨江、思茅一带学来的造纸技术，当时制造的纸张可以做文化用纸，既可以用来写字，还可以做卫生纸；后来当地将手工造纸转变为机器造纸，并将流沙河边的竹子砍光，排污量也过大，最后被强制关闭。这个

[①] 李晓岑，朱霞：《云南少数民族手工造纸》，云南美术出版社1999年版，第29页。

实例与本书调查的楚雄州九渡村的做法大相径庭，九渡村中的人们都注意保护竹林资源的可持续发展。

（3）红河州建水县坡头乡普古鲊村有哈尼族制作手工竹纸，使用红竹、大黑竹、灰竹、黄竹等。2011年调查发现，该村早已没有人再造纸。原因是造纸利润少，又脏又累，100千克的竹原料仅能制造2 000张纸，生产效率不高，而且现在外来机制纸对其冲击也很大，所以村民自己做出选择，停止制作竹纸。哈尼族没有文字，他们造纸不用于写字，主要是做卫生用纸和祭祀用纸，或作为商品出售到建水、个旧、开远等地。

（4）红河州屏边县境内的新县底米村，以前有汉族制作竹纸。后来由于竹子资源被划入保护区，2001年政府关闭了纸厂。再后来还有村民在集体林和国有林边缘造纸，但是2011年时经过调查证明，该地已经没有人再造纸。其出产的竹纸原来主要供应屏边、蒙自、开远，用于做祭祀焚烧的纸钱、水烟筒的纸捻等。

（5）文山州麻栗坡县银厂村公所所辖的上普浪、坪子、新发寨等瑶族村寨也有竹纸生产，使用吊竹、金竹、花竹等，其中使用吊竹制造的纸质量最好。在云南省的手工造纸工艺中，文山州瑶族制造竹纸的工艺最简单，同时他们浸泡原料的时间长达半年之久，是浸泡发酵竹原料时间最长的。

（6）文山州西畴县坪寨乡有汉族生产竹纸，每80千克竹料可以制造3 000张纸，以前当地人写字都使用这种竹纸，现在则主要用于祭祀等民俗活动。

（7）文山州马关县南捞乡半坡村有苗族制造竹纸。他们生产的竹纸主要出售给汉族用于祭祀。现在半坡村还有人在农闲时候造纸，由于当地没有公共交通系统，路途遥远，本书笔者没有实地走访调查，非常遗憾。

（8）临沧凤庆县也有群众制造手工竹纸。其中诗礼乡生产的竹纸，细腻柔软，吸水性强，在云南的竹纸中有很高声誉，曾远销浙江、江苏等省和缅甸。[①]

（9）临沧顺宁，现在归属凤庆县，居住有彝、傣、汉等多种民族，

[①] 李晓岑，朱霞：《云南少数民族手工造纸》，云南美术出版社1999年版，第62页。

他们也生产竹纸。据民国《顺宁县志稿》记载："顺宁造纸业分为白纸、草纸及冥钱等种，……至中和村及勐右、东西两山多制冥钱，清水村则制粗草纸，其缘起未详。"草纸即是竹纸的另一种叫法，可以说明顺宁曾生产过竹纸。

表6.2 云南省竹原料生产情况汇总表

地点	民族	原料	纸张主要用途
楚雄州禄丰县恐龙山镇九渡村	彝族	钓鱼慈、箭竹	书写彝文经书、祭祀
大理州鹤庆的龙珠村	汉族、白族	苦竹、山竹	书写、印报纸
西双版纳景洪流沙河一带	傣族	不详	书写、卫生纸
红河州建水县坡头乡普古鲊村	哈尼族	红竹、大黑竹、灰竹、黄竹	祭祀、卫生纸
红河州屏边县境内的新县底米村	汉族	不详	祭祀、纸捻
文山州广南县坝美镇者卡村	壮族	钓鱼慈	祭祀，做爆竹
文山州麻栗坡县银厂村公所所辖的上普浪、坪子、新发寨等	瑶族	吊竹、金竹、花竹	书写
文山州西畴县坪寨乡	汉族	不详	祭祀
文山州马关县南捞乡半坡村	苗族	不详	祭祀
临沧凤庆县诗礼乡	不详	不详	书写
临沧凤庆县（原顺宁）	不详	不详	祭祀

分析以上资料，在云南地区有众多民族从事手工竹纸制造，使用的竹子种类也很多，其造出的竹纸用途有：书写、印刷、祭祀、卫生纸、纸捻、做爆竹等。据一些学者的介绍，记录彝文文献的载体材料，确实有相当一部分为竹纸，其中一部分就来源于楚雄州禄丰县，也就是本书调查的九渡村所在县；另一部分来自禄劝的转龙、乌蒙等彝族地区，在《滇海虞衡志》中已有记载。现今西南地区遗存有纸质彝文历史档案数万卷（份）之多，是古代彝族文史档案

史料的主要构成部分，其常用的纸张有土纸、棉纸和宣纸三种。此处说的土纸，就是竹纸，因为其颜色呈土黄色，所以调查时发现彝族群众也称竹纸为土纸。王子尧所译彝文古籍《彝族古歌》记述，彝族先哲杜米和两天女向人们传授技艺与知识需要笔墨和纸张，天神米恒哲将笔墨和纸张带到人间。《西南彝志·诗歌里面道理多》记载："哺额舍赳伟，不停地讲述。密拟阿默业，不断地思索。密布耿奢哲，手不停地写，最先用黄纸，写上美又多的字，知识无比丰富。诗歌传天下，先是讲尼能，后讲实朴生多手，讲完尼能实朴后，最后讲日月。纸上的字迹，美如电光。纸上的字美又多，像花朵一样。能沾洛姆地方，陀尼额古纪，想抄写在纸上，旨塔笃苦有同感。所有布摩，共同借来抄，古额摩来修订，各方都适用，鲁勺笃仁来发展，阿鲁阿迷来归类，知能益菊来朗诵，如众多水流，让合成江河洋。"[①]可见，彝族文化的传播离不开纸张，"最先用黄纸"说明用的应该是竹纸。所以研究竹纸的制作工艺，对研究和保护彝文历史档案载体很有意义。

分析原料种类，可知云南各民族选用的竹纸制作原料种类繁多，如钓鱼慈、箭竹、吊竹、山竹、苦竹、红竹、大黑竹、金竹、花竹、灰竹、黄竹等。我国竹子种类有300多种，多数分布于我国西南和东南地区，云南有很多山区，生长着种类众多的竹子。由于竹子不占耕地，可以连年砍伐，是一种非常经济的造纸原料，山区中的造纸作坊多数邻竹而建，就地取材造纸。竹子属单子叶植物，竹纤维呈狭窄、短平状，平均长度为0.7~3.2毫米，其内夹杂有硅质细胞（又称石细胞），故制成的纸具有脆性。[②]造纸原料的纤维影响着纸张的质量，长纤维比短纤维好，细长纤维比短粗纤维好；长纤维在打浆处理之后，还有一定的长度，而且两端分丝寻化，制造出的纸张纤维组织紧密，拉力强度大。潘吉星所著《中国造纸史》一书中比较了我国古代常用的十种造纸原料，竹类纤维是次于麻类纤维和树皮类纤维的第三种造纸原料。以下引用王菊华编著的《中国古代造纸工程技术史》中的资料说明竹原料的纤维长宽度（见表6.3）：

---

① 华林：《西南彝族历史档案》，云南大学出版社1999年版，第13页。
② 刘仁庆：《中国古纸谱》，知识产权出版社2009年版，第8页。

表 6.3　几种竹纤维的纤维长宽度测量值

品种	纤维平均长度 /μm	纤维平均宽度 /mm	长宽比
毛竹	2.00	16.2	123
慈竹	1.99	15.0	133
黄竹	1.55	13.7	113
淡竹	1.54	12.8	120

（1）原料采集时间分析。

手工纸多选用生长不超过一年的嫩竹为原料，嫩竹中含木质素少，细胞壁薄，制浆、打浆处理比较容易，成纸也比较细软轻柔。[①]影响纸张耐久性的主要是植物纤维中的纤维素、半纤维素和木质素，其中木质素会使纸张氧化，变色泛黄，其存在对纸张保存有害，应该尽量去除。从上文介绍的实际调查结果来看，九渡村和者卡村制造竹纸都是选用嫩竹，其他很多文献资料的记载也都显示，云南地区乃至全国，在手工制造竹纸时，都选用嫩竹。这种选择有一定科学性，是村民在造纸的过程中逐步摸索总结出的方法。

（2）原料来源分析。

竹原料主要来自手工造纸地本地，即在哪里造纸，就在哪里采集竹原料。九渡村周围即是茂密的竹林，者卡村也是村民自己就地取材，其他文献记载的地区也基本上都是在当地自己砍伐原料。相比其他地区制造构树皮纸时从外面购买原料，竹纸制造地区的工艺更完整。同时调查中发现九渡村非常注意保护竹林，他们每次砍伐都要保留一定数量的嫩竹，或者栽种竹子，并且每户村民都分得一片竹林进行管理养护，他们的做法值得借鉴。

（3）原料加工分析。

竹子砍下来以后，先砍成小段，然后捆好用石灰发酵。砍竹片的作用是去除竹子的茎外皮，因为这层皮较厚，对药剂渗透不利，这一过程

---

① 刘仁庆：《中国古纸谱》，知识产权出版社 2009 年版，第 8 页。

也叫作"杀青""削青"。然后用石灰发酵，宋应星在《天工开物》中说到的明代福建竹纸制作技术就使用石灰发酵的方法。石灰主要成分是氧化钙，碱性较强，可以加速竹纤维的碱化。

综上所述，在鉴别云南地区的手工纸质历史档案时，可以通过肉眼观察纸张外观是否发黄，或在显微镜下观察纸张纤维的长度等方法判断其是否为竹纸。如果是竹纸，发现纸张损坏需要修复时，应考虑寻找与其相近的纸张材料，由于现在很多竹纸生地已经不再制造竹纸，因比当需要再重新抄造传统的竹纸时，从原料采集方面看，应注意其采集的季节、初加工的处理方式。同时希望本书的实际调查，能为更好地保护使用竹纸作为载体材料的历史档案提供一些有用的信息。

6.1.2 瑞香荛花原料对手工纸耐久性的影响

本书调查的制作东巴纸的地方是迪庆州香格里拉市三坝纳西族乡白地村，村中有两个村小组有纳西族造纸，分别是吴树湾和恩土湾。查找文献资料后，发现还有丽江玉龙县纳西族自治县大具乡肯配古村曾在多年前制造过东巴纸。这三处的造纸技术已在本书的第4章中具体介绍。此处论述的东巴纸，是指由纳西族制作的，采用传统的瑞香荛花材料，并使用传统浇纸法制作的手工纸，这种纸与以前东巴祭师书写经书的纸是同一种。此外曾有历史记载还有丽江大研镇，请鹤庆人到丽江用构树皮造纸，这种纸不在此列。本节研究的主要是使用瑞香荛花为原料制造的东巴纸。由于纳西族与藏族之间的造纸术有相近之处，都使用了荛花，所以将藏族使用的荛花原料的分析内容，也放入此部分中。

表 6.4 云南省荛花原料生产情况汇总表

地　点	民族	原料	纸张主要用途
丽江玉龙县纳西族自治县大具乡肯配古村	纳西族	荛瑞香花	书写东巴经书
迪庆州香格里拉市三坝纳西族乡白地村吴树湾	纳西族	瑞香荛花	书写东巴经书

续表

地　点	民　族	原料	纸张主要用途
迪庆州香格里拉市三坝纳西族乡白地村恩土湾	纳西族	瑞香荛花	书写东巴经书
迪庆州香格里拉市尼西乡枪朵村	藏族	瑞香荛花、瑞香狼毒	书写藏文经书、文书

从表6.4中可看出，在云南地区，瑞香荛花主要为纳西族制造东巴纸使用。尼西乡藏族制作藏纸也用瑞香荛花，这与藏族和纳西族的文化交流、互相学习和影响有关，且两个地州相邻，自古以来就有过很多文化交融。杨福泉所著《纳西族与藏族历史关系研究》一书中的第五章，就从文学作品、民间歌舞、绘画和语言文字等几个方面介绍了藏族和纳西族的文化交流。其造纸工艺方面的交流则有待进一步研究。

目前，纳西族以瑞香荛花为原料制作的东巴纸，是纳西族纸质历史档案的主要载体。纳西族东巴教的祭师被称为"东巴"，东巴们掌握着象形文字"东巴文"，在纳西族的日常生活中，有各种各样的仪式需要东巴主持，需要东巴用东巴文书写经书，有的经书需要在仪式过程中烧掉，有的经书则由东巴传给后人，流传下来的经书，成为纳西族东巴文历史档案。根据数据显示，国内外东巴文历史档案藏书有两万册以上。[①]用白地纸书写的东巴经典，卷帙浩瀚，据20世纪40年代初的调查，总计约有5千多卷。说明白地纸对弘扬东巴文化做出了极大的贡献。在20世纪三四十年代，美国人洛克（J. F. Rock）在白水台时曾注意到当地书写东巴经所用的纸张，并在其著作《纳西族的生活与文化》中对这种奇特的纸张及用其记录的经典做了翔实介绍，其中谈到白地纸的原料及制造方法，他认为造纸的原料为瑞香科荛花。洛克是植物学家，他的观察是正确的，这是目前所见最早介绍白地纸的文献。[②]通过实地调查，看到保存上百年的东巴经书，纸面光滑平整，内部虫蛀现象非常少，只有折叠处

[①] 华林：《西南少数民族历史档案管理学》，民族出版社2001年版，第138页。
[②] 李晓岑：《纳西族的手工造纸》，载《云南社会科学》，2003年第3期。

和边角处有部分破损,这种档案载体能长期防虫的特性与其造纸原料有密切关系,研究其造纸原料——瑞香荛花,不但可以了解东巴纸这一档案载体的特性,也能为其他手工纸提高防虫性提供借鉴。

(1)原料种类分析。

瑞香荛花为乔木、灌木或亚灌木,具有木质根茎。该种植物为中国植物图谱数据库收录的有毒植物,正是其毒性为东巴纸提供了天然的防虫性能。在云南地区使用的毒性造纸植物中,瑞香荛花是非常有代表性的一种,笔者实地采摘了很多瑞香荛花树皮,经过几个小时的采摘,手臂出现发红、发痒、肿胀、麻痹和痛感,用这样的原料制造的纸张,想必害虫是不会吃的。有学者用4种不同的方法进行实验,使用甲醇、氯仿和石油醚3种不同溶剂,对河蒴荛花(瑞香科荛花的一种)进行提取,并对提取物分别采用玻片浸渍法和叶片残毒法,对山楂叶螨进行生物活性测定;结果表明,甲醇提取物的提取率和24小时对山楂叶螨的校正死亡率都高于其他两种溶剂的提取物,其中提取方法以温浸法的提取率最高,为14.79%,杀卵、杀若螨和杀成螨的校正死亡率分别为66.85%、100%和100%。[①]可以看出若螨和成螨对甲醇提取物非常敏感,对杀除卵、若螨和成螨确实有作用。如果其他的手工纸中加入这种原料,必将提高其防虫性能。通过离析试验得出,荛花树干平均纤维直径为12.07微米,而构树的平均纤维直径为14.16微米;荛花树干平均纤维长度为791.7微米,而构树的平均纤维长度为829.98微米,故二者的纤维直径和长度差别不大,可见,荛花树干纤维特征类似于构树的纤维特征。另外,纤维直径变化越大,制造出纸张的匀度就越好,纤维越细长则纸张强度越高,荛花树干纤维的特征能满足造纸的匀度和强度要求,[②]所以造纸工匠在长期的实践中,选择荛花作为制造东巴纸的原材料。

(2)原料来源分析。

造纸工匠一般自己采集瑞香荛花,其产地就是造纸地。因为新鲜采

[①] 李卫伟,杨营业,李向花,等:《河蒴荛花提取物杀螨活性的初步研究》,载《山西农业大学学报》(自然科学版),2007年第4期。

[②] 秦磊,邱坚:《纳西东巴手工纸原料荛花树干纤维特征研究》,载《木材加工机械》,2010年第4期。

摘的荛花树皮更加容易去除其外层黑皮，黑皮去除得越干净，制造出的纸张越洁白。去除黑皮和木质部分以后的瑞香荛花树皮白中透绿，可晒干以后可长期保存，其晒干以后呈乳白色，煮过以后颜色更深一些，比较接近东巴纸的颜色。

（3）原料加工分析。

对原料进行初加工，干燥的荛花树皮需要浸泡，并修剪撕开，这样做可使植物纤维舒展、分散，在后续浇纸过程中，又将这些纤维重新排列组合，结合成纸张。然后需要煮原料，丽江大具乡肯配古村在煮原料时加入灶灰，加速原料的碱化，而三坝乡白地村则不加；加入碱性物质可使木素发生破坏降解，形成可溶性物质，达到排除的目的。通过查阅不同时期的调查文献资料发现，最原始的东巴造纸工艺中，煮原料时不加入灶灰，此种方法是造纸工匠学习其他民族造纸的方法以后才使用的，如云南的傣族、白族在煮原料时就加灶灰。由此可见，云南各民族之间存在着相互交流造纸工艺的现象。

综上所述，瑞香荛花是一种优质的造纸植物原料，自然生长在迪庆州和丽江的山地上，将来也可以大量地推广种植，用于造纸；其天然毒性决定了其是制造档案用纸的绝佳材料，如果其甲醇提取物的毒性试验能应用于其他档案害虫防治，能达到杀虫效果，可以用其提取物制作一系列的防治、杀灭档案害虫的产品，广泛应用于档案保护工作中。

6.1.3 瑞香狼毒原料对手工纸耐久性的影响

云南迪庆州香格里拉市尼西乡枪朵村曾用狼毒造纸。在迪庆州藏学研究所里，丹增老师给笔者提供了1991年中甸县志编纂委员会办公室编制的《中甸县志资料汇编（民国）》，其中记载："纸工亦能造草纸及缮写藏文之树皮纸。""自雍正二年（1742年）归版以来，黄教喇嘛仰蒙皇恩，于额征内发给贡品……，并征五境酥油、毛布、纸张等物。"还有发给归化寺的"土纸九千张"。《中甸县志资料汇编（清光绪）》中《寺观志——归化寺记》也记载有："蒙皇恩准，于中甸五境征收征收银粮内，赏给衣单银三百三十两，……以及盐、铁、毛毯、麻布、土纸等项。"可见，中甸境内有百姓造纸，并且清代就有记载将纸张作为贡品征收或赏赐。目前了解到的中甸境内的造纸地点，只有尼西乡枪朵村一处，村里的知古老工匠说，他们的造纸技术从古代通信驿站中的外乡人处传来，他8岁开始随家人学造纸，供给本地的"松赞林寺"书写经书使用。中华人民共和国成立以后该村就很少有人造纸，后造纸业逐步完全停止；当地缺水是影响造纸业发展的重要原因。

藏纸主要应用于书写，特别是藏文经书的书写，在藏学研究所也保存有书写着藏文的手工纸质档案，具体是否由藏纸书写还有待进一步研究，目前该所收集有200多份手工纸书写的藏文历史档案。云南省内目前使用藏纸书写的藏文历史档案的数量和保存情况还没有准确数据，调查过程中笔者走访了迪庆州档案馆和一些有关机构，没有得到明确的数据；由于原来迪庆州隶属于丽江管辖，因此也去到丽江市档案馆调查，同样没有找到确实可用的数据，这个问题有待继续考证。目前研究藏纸的原料和制作工艺，希望能够应用于对藏纸书写的历史档案的保护，应用范围可以覆盖云南，并且可以辐射全国。

云南藏纸的制作原料有两种，瑞香荛花和瑞香狼毒，荛花在上一小节中已经介绍过，在此就狼毒这种植物做一些分析。

（1）原料种类分析。

瑞香科狼毒（Stellera chamae jasme）是多年生草本植物，高20~50厘米，分布范围很广，其茎部含纤维28.5%，根部含纤维18.5%，均可造纸或提制淀粉。[①]狼毒的藏语读音是"阿交如交"，其意思为"毒草"。枪朵村狼毒的语音读为"蜀斯摩"。狼毒草全株都有毒，根系十分粗壮，毒性也最大，一般株长20~30厘米，粗1~3厘米，6~7月能见到叶子。狼毒草的根须越粗壮，造出的纸质量越好。[②]因为其本身具有毒性，可避免虫蛀鼠咬之害，能保存很长的时间，所以著名的德格印经院就专门使用这种原料所做的纸来印制经书。瑞香狼毒含三萜、胡萝卜苷、皂苷、鞣质、多糖、富马酸、蒽苷及苯丙素类（烯酚醇糖苷类）等化学成

---

① 中国科学院植物研究所编：《中国经济植物志》：科学出版社1961年版，第1815-1816页。
② 李晓岑：《四川德格县和西藏尼木县藏族手工造纸调查》，载《中国科技史杂志》，2007年第2期。

分；在高寒的草原，于8月采集的瑞香狼毒含灭蚜活性较高的物质。将其根晒干研成细粉，翻地时放入沟内，可杀死地下害虫；还可防治猿叶虫、蚊子幼虫、松毛虫，还具有毒杀粘虫苍蝇幼虫的作用。[①]

（2）原料采集时间分析。

狼毒采挖草根的时间一般在7月以后，这时狼毒草的花盛开，花期持续3～4个月，采挖十分方便，10月后叶落，但有经验的藏民能识别，仍可采挖。[②]枪朵村知古老工匠带笔者到山上挖取狼毒，他能准确地找出狼毒，并将其连根拔起，剥去根外面的皮，里面的部分可用于造纸。他认为这种方法会破坏生态环境，也不利于狼毒的生长繁衍；多年造纸以后狼毒的减少也激发着他们保护生态的意识，这是除缺水以外，枪朵村造纸逐渐停滞的重要原因。

（3）原料来源分析。

枪朵村的狼毒一般是造纸工匠自家造纸时采集使用，保存方法也是先晒干，从来不在外面购买。

（4）原料加工分析。

从初加工对植物纤维的影响来看，枪朵村将狼毒和荛花以1∶1的比例绑成一捆，泡在水里3个小时左右，去除两种原料外部的黑皮，然后将其撕碎，这一步骤也是将狼毒植物纤维先分散，再用铁锅煮，加入灶灰，这样能加速植物纤维的碱化，使木素发生破坏降解，形成可溶性物质，达到排除目的。张建世的《德格藏纸传统制作工艺调查》一文中也有记录："做纸料时首先将草根放在水中去掉泥沙，清洗干净，并保持湿润，用木棒将根须砸破。在砸的过程中，用力需适度，砸过心（从表皮到芯均破裂）为佳，若只是表皮破裂，木芯不破，不便将木芯除去。接着分层，狼毒草根大体可分为三层，表层是薄薄的、黑褐色的粗皮；内层是白色的韧皮，主要为纤维组成，很结实；中心是淡黄色的木芯。做纸料都是用刀刮去粗皮，去掉木芯，只用韧皮。最后是梳丝，用刀、

[①] 刘文程，王臣：《瑞香狼毒的化学成分、生物活性及应用研究进展》，载《现代药物与临床》，2011年第1期。

[②] 李晓岑：《四川德格县和西藏尼木县藏族手工造纸调查》，载《中国科技史杂志》，2007年第2期。

剪等工具，顺着纤维方向，手工将韧皮切碎，撕成细丝，作为纸料。"德格煮原料也用灶灰，现代以来改用工业碱。

综上所述，狼毒是制作藏纸的主要原料，其具有天然毒性，用于造纸后，纸张能防虫，有利于长期保存。研究其植物特性，有利于研究如何更好地保护用藏纸书写的历史档案。同样，如果能推广种植狼毒，制作一系列能防治、杀灭档案害虫的产品，将能更好地保护各种类型的纸质历史档案。

6.1.4　构树皮原料对手工纸耐久性的影响

本书共调查10个地点，其中有5个地点使用构树皮造纸，占全部调查地点的一半。使用构树皮纸作为载体的档案也非常多，所以研究构树皮的原料对研究构树皮纸，及用这种纸制成的档案材料耐久性很有意义。除了实际调查到的5个地方以外，文献记录云南省内制造构树皮纸的地点还有（见表6.5）：

（1）大理白族自治州鹤庆县六合乡灵地村，有白族造纸。该村制造白棉纸的构树皮原料来自鹤庆中江镇及朵美一带，有栽培及野生两种。白族和彝族用马驮到该地出售，约2.2元1千克。构树在两三龄即可砍伐，所以当地有春构、秋构、冬构几种称呼，每棵树的砍伐周期是两年。[①]灵地村构树皮纸可用于书写绘画，不易虫蛀和变色，能长期保存。但笔者在龙珠村调查时，村民说由于灵地交通不便，导致造纸成本从20世纪末起逐渐提高，而纸工们出售纸张的收入逐年下降，所以近几年来该村纸工已经停止造纸。从保护民族文化、传承非物质文化遗产的角度来看非常可惜，同时也失去了一种优秀的档案记录材料。

（2）丽江大研镇在古代和近代也有用构树皮造纸的记录。据丽江李氏宗谱记载，明代天启年间，丽江土司曾请来在鹤庆松桂（即龙珠一带）造纸的江南籍师傅李先常，开始使用抄纸法造纸，所造之纸为贵族所用。又据造纸村杨氏宗谱，清康熙年间，鹤庆的杨那、杨宝两兄弟迁居至丽江狮子山下，与李先常的后裔相互传授造纸技术。[②]查看文献发

[①] 李晓岑，朱霞：《云南少数民族手工造纸》，云南美术出版社1999年版，第19页。
[②] 丽江县政协文史资料委员会编：《丽江文史资料选集（第6辑）》。

现,纳西族的这种造纸法属于抄纸法,与白水台制造东巴纸的方法大有不同,但接近于白族制造构树皮纸的工艺。

(3)临沧市所辖的镇康县也有傣族造构树皮纸。民国时期的《新纂云南通志》卷一四二"工业考"记载了云南各民族手工造纸情况,其中有:"盐丰亦造大小白纸,镇雄及镇康、孟定坝摆夷,亦能用构皮造一种大白纸,较外国牛皮纸尤韧,力撕不破。"据一些学者的调查与记载,镇康的造纸法与孟定傣族造构皮纸的方法是一样的。

(4)临沧顺宁,现在归属凤庆县,居住有彝、傣、汉等多种民族,他们也生产构皮纸。康熙《顺宁府志》说顺宁产"构皮",光绪《续修顺宁府志》说"构,一名榖,其皮可造纸"。[①]据民国《顺宁县志稿》记载,"顺宁造纸业分白纸、草纸及冥钱等种,白纸业缘起于清光绪初年,龙泉街民杨琨至鹤庆学习,归而传授制造,相沿至今,出品及方法未变……"可说明,其造纸法是清末时向鹤庆白族学来的。另外,民国《顺宁县志稿》还记载了顺宁手工制造构树皮纸的方法;1930年,顺宁龙泉的棉纸在巴拿马世界博览会上曾获铜质奖章。[②]

表6.5 云南省构树原料生产情况汇总表

地 点	民 族	原 料	纸张主要用途
西双版纳州勐海县勐混镇曼召村	傣族	构树	书写傣文经书
临沧耿马傣族佤族自治县孟定镇芒团村	傣族	构树	书写傣文经书
保山腾冲市界头乡新庄	汉族	构树	书写、祭祀、包装纸
曲靖罗平县板桥镇募补村	汉族	构树	书写、祭祀、包装纸

[①] 李晓岑,朱霞:《云南少数民族手工造纸》,云南美术出版社1999年版,第62页。
[②] 同[①]。

续表

地　点	民　族	原　料	纸张主要用途
大理白族自治州鹤庆县松桂镇龙珠村	汉族、白族	构树	书写、祭祀、包装纸等
大理白族自治州鹤庆县六合乡灵地村	白族	构树	书写
丽江大研镇	纳西族	构树	书写东巴经书
临沧镇康县	傣族	构树	书写
临沧凤庆县（原顺宁地区）	不详	构树	书写

（1）原料种类分析。

构树皮是一种良好的造纸原料，属于我国传统造纸原料中的皮纸类原料，这类原料大都是木本韧皮纤维，属于长纤维，制成的皮纸一般柔软而强韧，应用范围很广。其中构树皮和桑树皮的使用最为广泛，在云南地区实地调查发现，使用构树皮造纸的地区和民族最多。王菊华主编的《中国古代造纸工程技术史》中的数据显示，构皮纤维长度平均在6.07毫米，宽度平均为20.9微米，其化学组成主要为水分11.5%，灰分2.70%，多缩戊糖9.46%，木素14.32%，果胶9.46%，纤维素39.08%。从中可以看出，构树皮的纤维素含量远远超过木素，纤维素含量越高，木素含量越少，则造纸原料越理想，所以构树皮是很好的造纸原料。潘吉星著的《中国造纸史》一书中也记载："不管从何种标准来看，原料等级次序总是麻类—皮料—竹类。"有关学者的调查报告显示，鹤庆县自然分布的构树，根据不同树皮颜色及斑纹可分为：①白花构，树皮白色，光滑，上有不规则红色斑纹，红白界限明显，树皮厚，产量高；②红构，树皮通体暗红色，略为粗糙，树皮较厚，产量较高；③红花构，树皮红色，略为粗糙，遍布米粒至黄豆大小白色斑点，间杂不规则大块白色斑纹，树皮较厚，产量高。该产区以白花构为主，占当地构皮总产量的70%~80%，红构、红花构构皮产量约占总产量的20%~30%。所有类型构树多生长于金沙江干热河谷鹤庆段海拔1 100～1 700米的坡地及沟谷两岸。并对不同构树皮的纤维长度进行了分析，结论为：红构和白花构纤维长度平均分别为13.54毫米和11.17毫米，红花构仅7.69毫米，尤其红构纤维长度最大值达到28.42毫米，非常适合做高级特种纤维纸原料；白花构纤维形态相对较差，宽度高达26.54微米，比红花构和红构分别高出51.7%和42.6%；红构纤维的长宽比值最高，达到728，比其他两个类型更具有良好的柔韧性，纤维形态也最好。[1]云南使用构树皮造纸的地区很多，具体是使用哪个品种的构树，有待继续深入研究。

（2）原料采集时间分析

采集构树皮的时间为春季、夏季和秋季。如果是人工种植，一般三年后可以砍伐取皮，砍后树枝又能发出新芽，每株树的砍伐周期一般为两年。一般春季所砍伐的皮多含浆汁，皮质较差，但砍后构树易发芽，不影响原料生长；秋季砍伐的皮含浆汁少，制成的纸质量好，而且得率亦高，但砍伐构树易冻死，对原料生长有不利影响；砍伐构树，应保留主干，来年生枝后，仅砍枝取皮。[2]但是因为夏季树上会有一层胶质，对纸的质量造成一定影响，[3]所以秋季采集构树皮为佳。实地调查情况显示，由于目前很多地区采用从外地购买的原料，很难具体分清楚采集时间和构树的种类，所以如果在造纸的地区推广种植优质构树树种，统一在秋季采集，能保证原料的质量，使造纸工匠们造出更优质的纸张，提高其经济收入，促进造纸工艺的传承和发展。

（3）原料来源分析。

原料来源分为两种情况，一种是造纸工匠自己采集构皮，另一种是从外面购买构皮。不论是使用何种方法采集，都要注意将其晒干保存，防止发霉变质。目前很多不同民族的群众参与到采集构树皮的活动中，他们将其作为一种谋生手段，但却还没有意识到，自己也参与了手工造纸这一种非物质文化遗产的传承，成为其中不可缺少的一个重要部分。

---

[1] 杨振寅，李昆，等：《不同类型构树皮的纤维形态、化学组成与制浆性能研究》，载《南京林业大学学报》（自然科学版），2007年第6期。

[2] 王菊华：《中国古代造纸工程技术史》，山西教育出版社2006年版，第451页。

[3] 黄晓赢：《云南腾冲观音塘手工造纸调查》，载《保山师专学报》，2009年第4期。

（4）原料加工分析。

加工时，首先将构树皮浸泡一段时间；浸泡的过程可以使构树皮中的部分有机物和无机物在水中溶解，此时浸泡的水呈黄色；同时原料中带入的孢子菌类开始发酵和繁殖，并释放出果胶酶和其他霉，能分解构树皮中的果胶成分，达到使原料脱胶的目的。脱胶以后的构树皮一般要煮，煮时加入灶灰，灶灰的主要成分是碱，能加速植物纤维碱化，使木素发生破坏降解，形成可溶性物质，达到排除木素、提纯造纸用纤维素的目的。同时煮的过程还可使构树皮原料所含油脂溶解，破坏天然色素，溶解单宁、蛋白质和淀粉等杂质，煮后洗涤时即能将这些杂质洗去。古人不知道这些科学原理，但是在生产实践中，总结出了简单而有效的造纸原料处理方法。

6.2 造纸工艺对手工纸耐久性影响的比较研究

6.2.1 纸药对手工纸耐久性影响

纸药是手工纸制造过程中添加的一种特殊植物性黏胶，首先，起到润滑植物纤维的作用，使植物纤维分布均匀，容易结合成纸，是使用抄纸法时很重要的添加物；其次，加入这种润滑剂，能使造出来的纸张每一页之间互相不粘连，待压干水分以后，能顺利将每一页纸揭开，这样才能保证应用抄纸法时的造纸效率，不需要每造一张纸就干燥一次。所以纸药的作用非常重要。

关于纸药的种类，有书籍上记载为39种，但实际使用情况和效果如何，没有具体记载。我国胶料植物的种类很多，但古籍中的记录则较少，现存文献中最早的纸药记录是南宋周密（1232—1298）在《癸辛杂识》中提到的4种纸药：黄蜀葵梗叶、杨桃藤、槿叶、野葡萄。原文为："凡撩纸，必用黄蜀葵梗叶新捣，放可以撩，无则占粘不可以揭。如无黄葵，则用杨桃藤、槿叶、野葡萄皆可，但取其不粘也。"还有清代《临汀汇考》记录："羊桃生山中造纸者取枝叶捣汁以分张备物致用，缺一不可。"

2010年刘仁庆发表《关于手工纸"纸药"的研究》一文，其中归纳总结的常用纸药具有比较好的参考价值。他归纳的纸药种类有20种，分别是：（1）杨桃藤，又名中华猕猴桃，是用于手工造纸最好的植物胶黏剂。（2）黄蜀葵，其根部含有16%的胶质，用于制作纸药，但对生态环境破坏较大，且随水温和气温的增高，用其制作的纸药汁粘性会而下降，所以其稳定性不高。（3）刨花楠，又名刨花润楠，中国台湾也有其分布。（4）仙人掌，原产于墨西哥，明朝末年引入我国，其生长适应性强，分布广，在云南地区的实际调查中证实，是使用最广泛的纸药。（5）青桐，又名梧桐、桐麻，用其制作纸药需要耗费很多原料，取得率较低，且因生长环境差异，其树枝中所含的胶质数量有很大差异，所以不是常用的、优质的纸药。（6）铁冬青，又名野冬青、冬青树，可取其新鲜树液制作纸药。（7）白榆，又名榆树，其树枝可用于制作纸药，过程中需要加入石灰浸泡两个月，与其他纸药制作时只加入清水的处理方法大不相同。（8）铁坚杉，又名铁坚油杉，可取其根部外皮制作纸药，对生态环境破坏较大。（9）野琵琶，其树皮和树叶都可以用于制作纸药。（10）买麻藤，又名倪藤，将其藤条晒干，用热水浸泡后可得到纸药。（11）桃松，主要挖掘其根部制作纸药，缺点是破坏生态环境。（12）木槿，采集其树皮，去除树叶以后制作纸药。（13）毛冬青，又称冬青，其制作纸药的方法很特别，采集叶子之后用水煮沸1小时，再清洗去除叶绿素后，敲打叶子并适量加水，最后用布袋过滤得到纸药。（14）春榆，用其树皮制作纸药。（15）荛花，用荛花枝干加热水煮沸1小时，再冷却过滤后得到纸药，长时间放置后其黏性会下降，不稳定。在云南地区，荛花是制作东巴纸和藏纸的主要原料，这两种造纸都采用浇纸法，所以一般不加入纸药，但荛花是否在其中也发挥了纸药的作用，其是否兼备造纸原料和纸药的双重身份，需要进一步研究。（16）石蒜，又称老鸭蒜、蒜头草、蟑螂花，草本植物，地下长有鳞茎，用其晒干后磨成粉或者捣碎后，可制作纸药。（17）石花菜，用热水煮沸并加入碱，过滤后可得到纸药汁；（18）杉海苔，其枝干加碱用水浸泡，过滤后可制成纸药。（19）仙菜，又名仙草，用大于其重量50～60倍的清水，加入碱后煮沸，再加入清水稀释过滤后能得到纸药汁。（20）白藻，用加入碱的热水煮沸，再加入清水稀释过滤后能得到纸药汁。

  云南省内实地调查显示，使用最广泛的植物纸药是仙人掌和沙松树根，沙松又名沙冷松、辽东冷杉、杉松、白松，挖掘其树根做纸药，对生态环境破坏很大，所以现在被淘汰不用，实际还在使用的只有仙人掌；另外有文献记录中说到大研镇制作构树皮纸，加入萱根汁，是何种植物、如何制备纸药汁，则没有详细记录。

  分析上述材料可知，植物类纸药种类很多，其制备过程也比较简单，但是有的纸药稳定性差，受温度影响不宜久留；有的原料受季节限制，或者采集其根部会破坏生态环境，所以最后经过自然的选择和淘汰，流传下来能实际使用的并不多。为了解决纸药的缺点，1953年日本的香川博士在研究了各种黏液（包括天然的和人造的高分子化合物）之后，发现它们的化学共性是：在结构分子式中都含有"乌龙酸"（$-O-CH_2-COOH$）的基因成分。在此基础上，他提出了制备"合成黏液"（相当于"纸药"）的设想。它们之中有PEO（Polycthylene Oxide），即聚氧化乙烯，其分子式中有（-CH$_2$-CH$_2$-O-）的基团成分。PEO最大特点是能够溶于水生成黏性液体。随着分子量的增大，其溶解度相应减小。用来抄纸的PEO之分子量为（300～400×10）的4次方。由此可得到良好的分散性和过滤性，取得与"刨花楠"（"纸药"之一）相似的浮江效果。不过，在搅拌的条件下，PEO会产生泡沫，虽然可以用2毫克/千克的"硅油"起到消泡作用，然而却使成本上升了。[①]现代也有很多其他材料代替纸药，如大理鹤庆龙珠村造纸时加入聚丙烯酰胺，当地纸工称其为"滑"；还有腾冲界头乡新庄也使用化学原料"滑"，虽然村民没有透露具体是何种物质，但极有可能也是聚丙烯酰胺。有很多化学原料用于造纸，具体的研究还要参考专业的现代机械造纸，在此仅针对手工纸做一些探讨，所以对化学原料不再论述。

纸药的应用很早，从实物资料方面看，1901年奥地利人威斯纳（Julius Wisner）化验斯坦因在新疆发掘的中国唐代文书用纸时，发现其含有从淀粉和地衣中提取的胶粘物质。[②]钱存训先生还提到新疆发现的晋代（256—420）古纸，也含有这种地衣制成的胶料。[③]

调查发现，在造纸过程中添加纸药的地区使用的基本是抄纸法，而使用浇纸法的地区则不使用纸药。因为使用浇纸法的地区每制作好一张湿纸，就单独将其晒干，没有将纸叠加在一起，不需要揭分湿纸，所以不加入纸药也不会有太大影响，如白地纳西族制造东巴纸、芒团傣族制造构树皮纸都不加纸药。而楚雄九渡村彝族和腾冲新庄汉族制造构树皮纸，都要加入纸药，才能将湿纸揭开，防止其粘在一起。再观察纸张的质地，不添加纸药制作的东巴纸和傣族用来写经书的纸张，都比较厚，基本不透光；而添加纸药做出的构树皮纸，可以做得比较薄，能透光。可见，加入纸药可以使植物原料纤维更好地结合在一起，就算是要制作薄纸，将纸浆制得比较稀薄，依然能够使纤维均匀结合。所以纸药最重

---

① 刘仁庆：《关于手工纸"纸药"的研究》，载《中华纸业》，2010年第13期。
② 潘吉星：《中国科学技术史（造纸与印刷卷）》，科学出版社1998年版，第166页。
③ 钱存训：《中国科学技术史·纸和印刷》，上海古籍出版社1990版，第66页。

要的作用应该是避免湿纸之间互相粘住，方便将其揭开。潘吉星也就此做过实验论证，实验表明，造厚重麻纸时纸浆内不加任何东西，也可将湿纸揭开而不破裂；但造皮纸（用树皮材料造纸）或薄纸时，就要另加植物黏液。[①]

另一方面，在鉴别一些形成时间不详的古代历史档案和古籍使用何种纸张时，可以考虑其纸张的质地，如果其质地较厚，用浇纸法制造的可能性较大，使用纸药的可能性较小；如果其质地较薄，使用抄纸法制造的可能性较大，使用纸药的可能性较大。如果要找到与其相似的纸张用于修裱等保护工作，可以根据目前查到的手工纸张的制作过程，锁定几类适合使用的手工纸，然后从中再分析选择，找到最佳方案。

还有一些文献资料记载，公元751年，唐代将领高仙芝与阿拉伯大食国作战，在中亚坦罗斯城（今哈萨克地区）战败。被俘去的士兵中有的是造纸工匠出身，被迫向当地传授造纸技术，但却没有传授使用纸药的诀窍。这样使得西亚、欧洲的手工造纸始终不知道纸药的妙用，只能每张湿纸页用毛毡、布片或者丝线等物隔开，或者每制成一张纸就要马上烘干，生产效率很低，成纸的质量也不高。为什么工匠们没有向他人传授纸药，可能有两种原因，其一，工匠是被迫传授，有意隐瞒；其二，当地没有工匠常用的纸药植物品种，他们也没有找到合适的替代品用来做纸药。由此可见，纸药的使用具有一定的地域性，不同地区使用的纸药可以根据当地的植物品种来决定。如果没有适合的植物来做纸药，会大大影响造纸活动。在云南省内实地调查的结果也证明，使用沙松树根作为纸药的地区，由于采集树根破坏生态环境，而且树根的产量有限，这些地区的造纸业在现代已经逐渐凋敝，如楚雄九渡村和文山者卡村。使用仙人掌作为纸药的地区，因为仙人掌的生长对环境要求不高，采摘对生态破坏小，所以这些地区的造纸业还在继续进行，如大理龙珠村和曲靖募补村。

[①] 潘吉星：《中国科学技术史》（造纸与印刷卷），科学出版社1998年版，第225页。

6.2.2　造纸技术对手工纸耐久性影响

造纸过程中的一些处理方式会影响到纸张质量，这直接关系到纸张的耐久性，所以下文从植物原料成纸与脱胶、蒸煮原料、制浆、造纸方式和干燥技术等几个方面进行分析。

1．植物原料成分

造纸主要用植物原料中包含的纤维素（cellulose），从纤维素分子结构的角度来看，纤维素链状高分子化合物中每一个结构单元（葡萄糖基）都有三个羟基（hydroxyl，OH），因此每一纤维素分子都有三倍于聚合度的羟基，其总数达到以万计之多。这些羟基有很好的亲水性，因而当植物纤维被提纯并分散于水的介质中时，其纤维素分子中含有的无数羟基就会吸收水，使纤维润泽膨胀。当纤维素分子间互相靠近时，相邻两个分子结构中的氧原子就会把水分子聚合到一起，而这些水分子也成为纤维素之间的纽带，将纤维素连接起来。这种状态就是用纸帘在纸浆中抄纸，在纸帘上形成湿纸的过程。但此时纤维素分子靠水结合还不是十分牢固，所以湿纸的物理强度不大，容易被撕破。当湿纸干燥以后，水分蒸发，纤维素受到强大的表面张力作用，大大缩小了纤维素分子间的相互距离；当距离缩小到2.75埃（1埃=0.1纳米）以下时，纤维素分子之间的链接就不再依靠水，而是靠分子中的无数羟基间形成的化学氢键（hydrogen bonds）而缔结。氢键是在化合物中所含极性羟基中的氧原子O吸引另一羟基的氢原子H而形成的一种化学键。氢键的键能为5~8千卡/克分子，比一般分子间力即范德华力（Van der Waal force）的能量还要大2~3倍，是纤维素分子间所发生的重要作用形式。原则上讲，纤维分子的所有羟基都能形成氢键。而正是依靠这种氢键缔合，才使纤维分子相互间紧密交结成为具有一定强度的薄片即纸张。湿纸干燥脱水的过程，也就是形成氢键的过程，从这个意义上看，成纸过程是个化学过程，氢键的形成是成纸机理的关键步骤。[①]

造纸的化学过程还包括对植物纤维提纯，即植物原料的脱胶。因为

[①] 潘吉星：《中国科学技术史（造纸与印刷卷）》，科学出版社1998年版，第17页。

没有提纯的纤维分子，其氢键的结合会受到其他杂质的干扰，所以要通过处理去除这些杂质，该过程也称为脱胶处理。造纸植物原料中，除纤维素以外，还包含半纤维素（多缩戊糖poly-pentose）、色素、灰分、果胶质（pectin）、木素（lignin）、蛋白质等成分。好的造纸原料，即纤维素含量高的或者是其他杂质少的原料。这些杂质中，占主要比例的是果胶和木素，对纸张最有害而难以去除的杂质是木素。表6.6中列出了中国常见造纸原料的化学成分。[1][2][3][4]

表6.6 中国古代若干常用造纸原料化学成分表

| 序号 | 原料 | 水分 | 灰分 | 抽提物 | | | | 聚戊糖 | 蛋白质 | 果胶 | 木素 | 纤维素 |
				冷水	热水	乙醚	1% NaOH					
0	I	II	III	IV	V	VI	VII	VIII	IX	X	XI	XII
1	大麻	9.3	2.9	6.5	10.5		30.76			2.06	4.03	69.51
2	苎麻	6.6	2.9	4.1	6.29		16.18			3.46	1.81	82.81
3	楮皮	11	2.7	5.9	18.92	2.3	44.61	9.46	6.04	9.46	14.3	39.08
4	桑皮		4.4		2.39	3.4	35.47	10.4	6.13	8.84	8.74	54.81
5	青檀皮	12	4.8	6.5	20.18	4.8	32.45	8.14	4.23	5.6	10.3	40.02
6	毛竹	12	1.1	2.4	5.96	0.7	30.98	21.1		0.72	30.7	45.5
7	慈竹	13	1.2	2.4	6.78	0.7	31.24	25.4		0.87	31.3	44.35
8	稻草	9.9	16	6.9	28.5	0.7	47.7	18.1	6.04	0.21	14.1	36.2
9	麦秆	11	6	5.4	23.15	0.5	44.56	25.6	2.3	0.3	22.3	40.4

注：表中的"楮皮"即是"构树皮"。

---

[1] 孙宝明，李钟凯：《中国造纸植物原料志》，中国轻工业出版社1959年版。
[2] 隆言泉，等：《制浆造纸工艺学》，中国财政经济出版社1961年版。
[3] 河北轻工学院造纸教研室：《制浆造纸工艺学》（上册），轻工业出版社1961年版。
[4] 潘吉星：《中国科学技术史（造纸与印刷卷）》，北京：科学出版社1998年版，第17页。

从表6.6中所列的数据可以看出，麻类的化学成分最理想，其纤维素含量在70%~80%之间，含木素非常少，只有2%~4%；其次是皮料，最差的是竹类和草类。从云南造纸的用料情况来看，东巴纸、藏纸和构树皮纸选用的就是皮料，其纤维成分较好，木素较低；而竹纸选用竹料，其纤维素低，木素含量高。所以就植物原料本身来看，竹纸耐久性比皮纸差，从实际的实验结果来看，竹纸在耐折度、撕裂度和抗张强度等方面，确实比皮纸性能差。

2．植物原料脱胶

原则上讲，造纸原料中的非纤维素成分会对纸的质量产生不良影响，凡是以植物为原料的工业，无论是纺织还是造纸，都要对纤维原料进行脱胶处理，但以棉花为原料者例外。古代的脱胶处理方法是生物发酵法，就是用水浸泡原料，通过生物发酵的方法去除果胶、蛋白质、半纤维素等成分。浸泡阶段要持续数天，最少7天，长则数月；池水颜色会变深，原料慢慢变软，分离出纤维。如果原料在浸泡前煮过，且用石块等压入水底，不与空气接触，效果更好。从云南省造纸的情况看，基本上都要浸泡原料，泡的时间长短不一，其中浸泡时间最长的是楚雄九渡村用竹原料，要泡3~4个月；最短的是迪庆枪朵村用荛花和狼毒原料，泡3小时。东巴纸荛花原料一般泡3~5天，构树皮纸原料构树皮一般泡1~4天。详细情况见表6.7。

表6.7　云南省造纸原料浸泡时间表

造纸地点	造纸原料	浸泡时间
楚雄州禄丰县恐龙山镇九渡村	钓鱼慈、箭竹	3~4月
文山州广南县坝美镇者卡村	钓鱼慈	14天左右
丽江大具乡肯配古村	荛花	3~5天
迪庆州香格里拉市三坝纳西族乡白地村	荛花	2~3天
迪庆州香格里拉市尼西乡枪朵村	荛花、狼毒	3小时

续表

造纸地点	造纸原料	浸泡时间
西双版纳州勐海县勐混镇曼召村	构树皮	1 天
临沧耿马傣族佤族自治县孟定镇芒团村	构树皮	1 夜
大理白族自治州鹤庆县松桂镇龙珠村	构树皮	3～4 天
保山腾冲市界头乡新庄	构树皮	1 夜
曲靖罗平县板桥镇募补村	构树皮	3～4 天

由上述可知，植物原料的脱胶程度好坏，能影响纸张耐久性，所以脱胶是一个不能忽视的过程，延长原料浸泡的时间，能充分发挥生物降解作用。

3．蒸煮原料

上文说到，木质素会对纸张质量产生重要影响，在植物原料脱胶后，将原料放在碱性溶液中蒸煮，可使木质素发生破坏降解，形成可溶物质，再清洗原料使之排除，是一项非常重要的环节。此外，通过该工序，还可以进一步使原料所含油脂溶解，破坏天然色素，溶解蛋白质等杂质，同样通过清洗排除。但蒸煮最重要的目的是用化学降解法去除木素。中国自汉代以来就有采用弱碱液蒸煮处理原料的技术，以提纯供造纸用的纤维素，以后也为各国所效法。煮原料的碱溶液，是石灰水和草木灰水这种弱碱性溶液。云南各个造纸地区，除竹纸以外，都采用煮的方法加工原料，并且煮原料时基本上都加入草木灰，调查时造纸工匠也说不清加草木灰的原理，只是从祖先那里代代相传，但是他们却掌握了科学和智慧的方法，制造出洁白的纸张，使我们的文明不断传播。处理竹原料时使用石灰放在露天发酵，其借助日光中臭氧强烈的氧化作用，同样能使木质素降解，还能破坏色素。用这些天然物质处理原料，其释放的碱性没有近代用的纯氢氧化钠NaOH的作用剧烈，但是能起到保护纤维素不被破坏的作用。所以煮原料时，古代造纸工匠们流传下来的方法，非常有智慧。

但是煮原料和浸泡原料时，需耗费大量水，同时产生大量污水，还要砍伐大量植物原料，对生态环境造成一定破坏，即付出了很大的代价才得到洁白的纸张，所以我们应该珍惜资源，珍惜纸张。同时，随着时代的发展，人们生产生活方式发生了巨大的变化，很多手工造纸工艺已经失传，也需要更多的人关注和了解这项技术，传承这一工艺和智慧。

此外，20世纪90年代初，有专家对纸张原料中的草类原料进行蒸煮试验，提出通过低温快速蒸煮，可以提高纸张的耐折度。因为草类原料的纤维素聚合度低，分子链短，纤维强度低，传统的草类蒸煮工艺保温压力高，时间长，且采用多次升温的蒸煮曲线，无疑给本来强度就低的草类纤维雪上加霜。低温快速蒸煮是近年来推广的草浆蒸煮新工艺，通过对蒸煮工艺的改进，改进后的升温时间延长0.5小时，保温时间缩短1小时，并由两次升温改为一次升温，全程时间缩短了0.5小时。改进后纸张耐折度平均提高1.28次。[1]这一方法还没有应用于其他原料的蒸煮工艺，有待进一步研究。

4．制浆

经过生物降解和化学降解以后，还要将原料打浆处理，才能制成造纸使用的纸浆。打浆是用机械力将纤维细胞壁和纤维束打碎，将长纤维切短，提高纤维的柔软性和可塑性。因为没有经过打浆的原料，存在很多缠绕起来的纤维束，其中的羟基被束缚在内，没有充分暴露，不能发挥最大作用。所以打浆后使纤维细化，还增大了其表面的游离羟基数量。试验证明，纤维的结合力与打浆度成正比，打浆与未打浆的纤维结合力相差很大。[2]所以，精工细作的打浆工序非常重要，实地调查中，每个造纸的地方都有打浆工序，有的进行两次，第一次稍粗，第二次非常精细。打浆使用的工具有木臼、石臼等等，现在还采用机器打浆。

打浆以后的原料，如果使用抄纸法，则将细致的纤维放在大型水

---

[1] 李瑞昌，安玉杰：《改进蒸煮工艺提高纸张耐折度》，载《纸和造纸》，1993年第1期。
[2] 潘吉星：《中国科学技术史（造纸与印刷卷）》，科学出版社1998年版，第24页。

槽中，加入大量的水，搅拌均匀。搅拌均匀的纸浆难免发生沉淀不均现象，所以需要加入一定的黏液物质，使其均匀悬浮。需要加入的植物黏液，称为"纸药"，详见6.1节论述。如果使用浇纸法，则一般不加纸药，浇纸时用手将原料抓起使用即可。

5．抄纸法

抄纸的主要工具是竹帘，一种平面型工具，有孔洞或缝隙能将水过滤出去，留下纸张纤维于帘上；竹帘需要制作得非常细致，每条竹丝的长宽最好一致，表面应平整光滑。资料记载，云南使用抄纸法造纸的有白族、苗族、彝族、哈尼族等，实地调查发现，还有傣族和汉族使用这种方法。抄纸法又具体分为活动纸帘抄纸法和固定纸帘抄纸法两种。

活动纸帘抄纸法的使用最为广泛，其过程是，将竹帘放在一个木框上，木框比竹帘稍大，下面多留有大的空隙方便滤出水分，边缘有活动木条可以固定住竹帘，然后双手握住木框两边，将竹帘放入纸浆中上下滑动，使纤维均匀分布于竹帘上，滤出水分后，取下竹帘，将有湿纸的一面倒扣到光滑的木板或大石头上，再轻轻取下竹帘，抄造下一张纸。制造好后的纸张，均顺序放在先造好的湿纸上。当湿纸堆积到一定的高度，再榨干水分，然后揭开。此处说的活动纸帘，是指竹帘是活动型的，一般一个造纸工匠只需要使用一个竹帘，就可以连续抄造很多张纸，效率较高。这些竹帘大小不一，最常见的为60平方厘米；有的地方为提高造纸效率，将两三个竹帘平行排开连接到一起，一次就可以抄出两张、三张纸。在大理地区，还使用日本传入的吊帘抄纸方法，可参见书第5章中的介绍。

固定纸帘抄纸法，西双版纳州曼召村的傣族使用这种方法，其工序与抄纸法工序一样，只是使用的纸帘是一种绷着纱布的木框，纱布固定在木框里，不能取出，所以每造一张纸，就要使用一个这纸帘，效率较低；且每一户造纸人家都需要准备很多纸帘。抄好的纸放在纸帘上，不取出，拿到日光下晒干后，才一张一张取出。

在曼召村，还有村民使用浇纸法造纸，使用的纸帘也是固定纸帘，只是操作的方式不一样。由此可见，在这个傣族造纸村，有浇纸法逐渐演变为抄纸法的痕迹。

此外，用抄纸法造的纸，一般要薄一些。纸张的均匀与否，则取决于纸帘的好坏，纸帘做得越均匀细致，抄出的纸页就越均匀细致。

6．浇纸法

浇纸法使用的工具也是竹帘，但是这种竹帘不一定像抄纸法所用的竹帘那么细致，如纳西族使用的竹帘，其竹片面积有一支筷子那么宽，看起来比较粗犷。此法使用的竹帘，主要是要平整，能方便水分滤出即可。实地调查发现，使用浇纸法的有纳西族、傣族和藏族。

浇纸法的过程是，将竹帘放到一个与之大小相配合的木框中，木框下面中空；或用纱布做的固定纸帘，再将其放入一个小型水槽中，只要水能没过纸帘以上一些即可，用手将打好的纸浆放于纸帘上，借助水的波动，把纸浆拍打均匀，使之在纸帘上均匀分布。然后双手将纸帘水平从水槽中取出，滤去水分，再把纸晒干后取出。这个步骤一般不加入纸药，取用多少纸浆，全凭造纸工匠的经验。

使用浇纸法造纸，没有抄纸法效率高，所造的纸张也较厚。

综上所述，造纸原料及造纸过程中的各个工序，都会对纸张的耐久性产生一定影响。使用不同的原料，其纤维结构不同，处理方式不同；原料本身具有毒性的，能给所造纸张天然防虫保护。采用不同的方法造纸，造出的纸张厚薄也不一样，各民族的使用习惯不一样，所以也会刻意造出厚薄不一的纸张。此外，云南制造的手工纸，普遍没有施胶的工序，只有傣族和纳西族在造纸时有砑光的工序，使纸张表面更加均匀细致。

第7章 云南手工纸历史档案保护对策

7.1 保护手工造纸工艺为档案保护服务

目前，云南各地生产的手工纸，主要有两个用途，一是书写，二是做包装纸。提高书写用纸的性能，能够更好地保护现在形成的档案材料，也能为修复历史档案材料提供更好的纸张。由于这些纸张基本上都是通过手工工艺制造，所以，提高手工造纸工艺，有助于生产更好的档案用纸。

7.1.1 提高手工纸耐久性为档案保护提供支持

1．造纸原材料与提高手工纸耐久性

从上文的分析可知，造纸原料的选择会影响纸张的耐久性，所以应选择优质原料。云南地区的造纸原料主要有四种，竹、荛花、狼毒、构树。其中，竹原料自身的纤维素含量不高，用其制造的纸张质量较差，且已经逐渐被淘汰，所以，不宜再使用竹纸作为档案书写用纸。对于已经形成的竹纸历史档案，需要加强保护。荛花是制造东巴纸和藏纸的主要原料，其本身具有毒性。用其制造的纸张有防虫性能，且物理性能测试结果证明，其纸张耐久性较好，是一种很理想的造纸原料。但是目前对荛花原料的化学分析研究还很少，需要进一步分析其纤维素含量、木素含量及毒性等各种指标，才能使其更好地为造纸工作服务。此外，可以考虑将荛花种植到各个造纸地区，或采集荛花树皮以后出售给其他造纸地区，在制造其他纸张时加入一定比例的荛花，以提高其他纸张的防虫性能。狼毒仅用于制造藏纸，现在云南的藏纸制造工艺已经消亡，可能与使用狼毒的根部对生态环境破坏较大有关。狼毒本身具有毒性，用其制作的纸张也有防虫性，但是将其推广应用到其他造纸地区有一定难度。构树，是云南使用最多的造纸原料，其纤维素含量仅次于麻类原料，但是处理的工艺不同，则用其制作的纸张质量也有很大差别。

综合各方面因素，对造纸原料的选择提出以下建议：首先应考虑选择纤维素含量高、木素含量少的原料，所以使用构树比较理想；其次，荛花和狼毒这两种原料本身有毒性，可以在制造构树皮纸时加入一定比例，提高纸张的防虫性；最后，要考虑采集原料对生态环境的影响，狼毒采集根部，对生态破坏太大，所以不宜使用。可以总结出，构树和荛花这两种原料比较适宜用来制造档案用纸。在采集原料时，应注意保护生态环境，砍伐原料的同时种植原料，使资源可持续发展。

2．造纸工艺改良与提高手工纸耐久性

使用同一种原料造纸，制作工艺不同，造出的纸张耐久性完全不同，例如使用构树皮造纸，临沧芒团村制造的纸耐久性好，而保山新庄制造的纸耐久性差。所以改善造纸工艺，可以提高纸张的耐久性。

（1）充分浸泡。用浸泡的方法发酵原料时，应将原料用石块或其他重物压入水中，与空气隔绝；浸泡时间要长，一般7~10天，冬季气温低时，可延长至15天以上；浸泡时水量最好是原料重量的10倍以上，同时观察水的颜色慢慢变黄，直至呈深棕色或棕灰色时才可结束；如果原料很多，泡好一部分后捞起，可以保留一部分变黄的池水，再加入一部分清水浸泡新的一批原料，使旧的发酵液起到发酵助剂的作用。如果事先煮过原料，则发酵的效果更好。

（2）去除木质素。用碱性溶液蒸煮能去除木质素，也可使用天然草木灰，或使用纯氢氧化钠NaOH，但是其碱性过强，最好稀释后酌量使用。蒸煮的方式可以采用低温快速蒸煮法，以提高纸张耐折度。煮过的原料，可以平铺到山坡或平地上，在日光下漂白，过程可持续数十天；也可用石灰将原料浸透，再日晒，也能起到很好的效果。因为煮原料会耗费大量的水资源，排放出很多污水，所以需要寻找经济、有效、可行的方法处理好污水，防止污染。

（3）制浆。应充分打浆，以保证所造纸张的质量。目前很多地方采用机器打浆，提高了效率；手工打浆则最好进行两次，才能取得较好的效

果。采用抄纸法制浆时，需要加入纸药，植物型纸药中，"仙人掌"取材方便，很多地方都在使用，使用的效果也较好；还有一些地方使用化学原料，如聚丙烯酰胺，这类化学原料可以在一定程度上改善纸张的性能，但是也会造成污染，所以使用化学原料后同样需要妥善处理污水。

（4）选择良好的工具。抄纸的工具主要是活动式竹帘，选用竹帘时要观察竹帘表面是否平整、细致、光滑，每条竹丝的长宽最好一致；竹帘做得越均匀细致，抄出的纸页就越均匀细致。固定纸帘抄纸法使用的是一种固定的纸帘，即一种绷着纱布的木框，纱布固定在木框里，不能取出，使用这种纸帘，需要定期检查纱布是否平整、牢固，以及有无破损，如有损坏则定期更换。

7.1.2　手工造纸工艺的传承

目前，手工造纸工艺面临失传的危险。有的地区，人们出于对生态环境的保护，逐渐停止造纸工作，如楚雄九渡村制造竹纸时使用沙松树根做纸药，政府和村民都觉得这样对生态环境破坏很大，逐渐停止了造纸活动。现在手工纸生产效率不高，销路也没有机制纸好，所以很多地方也停止了造纸活动。手工纸的制造工艺，需要长时间的学习和经验的积累，但现在多数年轻人外出学习或打工，使得很多造纸人家的工艺后继无人，极大地影响了造纸工艺的传承和发展。

但是，手工纸传承最重要的问题，是民族文化的变迁带来的人们生活行为习惯的改变，对手工纸的需求越来越少，所以供给方逐渐衰落。调查发现，制造手工纸规模大、产量高的地方是傣族村落，因为当地居民习惯使用构树皮制造的手工纸，日常生活和宗教活动都需要这种纸张书写经书；另外纳西族制造的东巴纸也主要满足其宗教需求，因为其使用竹笔书写，所以制造的纸张较厚。所以从手工纸的发展和变迁历程可以看出少数民族档案用纸的发展和变迁，同时揭示着民族文化变迁的轨迹。保护和传承手工造纸工艺，能更好地了解少数民族档案纸张载体和保护民族文化。

传承手工造纸技术，可以从以下几方面考虑：首先，各学科的研究者通力合作，找出云南最适合造纸的植物并在有造纸传统的地区种植；深入研究荛花和狼毒等植物的防虫性能，推广使用。其次，在造纸地区设立检测站或在省会昆明设立纸张综合实验室，定期检测各类手工纸，给各地造纸工匠们提供技术支持，改进生产工艺，为需求者提供耐久性更好的纸张。再次，拓展手工纸的应用范围，开发适宜用于档案修复、拓裱的优质手工纸。最后，提倡年轻人学习和传承手工造纸工艺，对外宣传云南的这一传统文化，使其得到更好的发展。

7.1.3　少数民族档案用纸与其民族文化变迁

如上文所述，各民族使用不同的手工纸作为其档案载体材料，与其民族文化有极大关系。所以，下文将从民族文化变迁的角度来分析手工纸的制作工艺、传承方式的变化及民族文化与档案用纸的关系。

（1）近现代道路交通的发展，一定程度上减少了自然地理生态环境对民族文化变迁的制约；同时便捷的交通带来一些地区旅游业的发展，加快了民族文化的传播和交流，也给民族文化带来很大的冲击和影响；交通的发展也同样影响了手工造纸。

迄今为止云南各民族社会发展、经济结构的不平衡性，文化发展的差异性和多样性，是被云南的自然地理生态环境所制约决定的。[①]如洱海地区的白族，由于其地理优势，与中原文明接触较早，吸收的先进生产知识较多，生产力发展水平较高，很早就掌握了造纸技术，造纸原料为构树皮，与汉族常用的原料一样。考古及文物资料也证实白族使用构树皮纸，又称为"白绵纸"，作为档案载体材料。交通的发达也促进了纸张交易，在大理鹤庆龙珠村，国弟绵纸厂的厂长就用使用网络联系手工纸订单，再通过方便的货运通道交付这些订单；他认为通过这样的方式，扩大了纸张的销路，也能使更多的人认识和了解手工纸，对手工纸的发展很有好处。

交通环境的改变，还促进了旅游业的发展，加快了民族文化的传播和交流，也给民族文化带来很大的冲击和影响。旅游是文化的载体，文化是旅游的灵魂，旅游的本质属性是一种文化活动。近年来随着旅游的经济效益越来越受重视，"民族文化因它的市场价值备受青睐，民族文

---

① 王文光、龙晓燕、李晓斌：《云南近现代民族发展史纲要》，云南大学出版社2009年版，第3页。

化不再被单向度地视为'落后''蒙昧'的东西，而是被发展为弘扬传统文化、展示本土形象的旅游资源。"①如丽江地区，就用其"东巴文化"吸引了国内外的大批旅游者。在丽江古城中，也有很多店铺出售东巴纸。经过仔细研究，这些纸张有很多是假冒的，所以笔者不禁反思如何才能将真实的东巴纸展示给更多的人，使更多人了解东巴纸，那就是走到田野中去寻找真正的东巴纸，把它介绍给更多的人。当然，现实中我国少数民族地区的旅游虽然唤醒了当地民族成员的历史记忆，刺激了当地传统文化的复兴，但少数民族地区的自然风光、人文景观、风俗习惯、民族艺术和手工制品是最具有独特性，却也是最脆弱的。因为"走向市场的传统文化必然要遵循市场的逻辑，越来越远离其原来的生存背景，被仪式化、舞台化，成为被观赏的对象。被再生产为一种可供消费的文化产品后，富有个性、独具特色的民族文化逐渐沦为一种同质化的大众文化，被当作只有历史性、独特性的文化'工艺品'"。各少数民族文化的民族特征逐渐随之变化，传统的民族文化实际上面临着消亡的危机。②实际调查中，发现傣族非常善于利用交通的发展和旅游业来推广其手工造纸，西双版纳曼召村和临沧芒团村既是造纸地，也是旅游地，其旅游的特色项目就是"参观传统手工造纸工艺"。当地傣族的手工造纸业也发展得非常好，规模很大，他们的做法值得借鉴学习。

　　交通的发展，还加快了人口的流动，很多年轻人外出打工，或求学后留在异乡谋生、发展，造成了造纸业以家庭为作坊的传承方式受到破坏，很多造纸人家都面临后继无人的困境。而且交通运输的便利，使得机制纸更容易买到，其价格比手工纸低廉，所以很多人接触到机制纸以后就放弃使用手工纸，手工纸的销量萎缩，逐渐被淘汰。只有在民族文化较强的一些地区，人们才继续使用手工纸。如西双版纳曼召村，村民们盖房、娶亲、送葬等仪式，一定要使用手工纸书写的经书诵念，所以使用手工纸的习惯一直被保留下来。还有迪庆白水台地区的纳西族东

---

① 钟晓莲：《布迪厄文化再生产理论对文化变迁研究的意义——以旅游开发背景下的民族文化变迁研究为例》，载《广西民族学院学报》，2002年第3期。
② 杨毅，张会超：《族档案之旅游人类学构建与扩展研究》，载《思想战线》，2009年第3期。

巴，都是使用手工制造的东巴纸书写经书，这种纸张是东巴教不可或缺的一部分，所以东巴纸的制作工艺被很好地传承下来。

（2）各民族在现代进行经济活动和接受现代教育的过程中，出现了文化变迁，用纸的习惯也逐渐改变。如竹纸，以前作为书写用纸，后来用作祭祀用纸，现在已经逐渐不再使用，以前使用竹纸的地区现在使用机制纸作为档案载体。以前云南藏族用狼毒和荛花制造纸书写，现在这种纸不再生产，该地区的群众同样使用机制纸。傣族以前制造的纸，主要用于书写，现在他们制造的很多纸被茶厂定做用于包装茶叶，为了适应需要，她们制造了比书写纸薄的纸用于包装；现在需要书写经书时，她们还是使用自己造的纸，但是其后代到学校上学时，变为使用机制纸。白族和汉族制造的构树皮纸，目前主要是用于包装茶叶，所以做得极薄，当需要书写纸时他们才制造一些较厚的，而且日常生活中，多数使用机制纸。

（3）中华人民共和国成立后，国家的政策对民族文化变迁产生了影响，对于保护原始的民族文化起到了积极的作用。云南省为保护云南珍贵的民族文化做出了不懈努力。中共云南省委六届四次全会首次提出了建设富有特色的"民族文化大省"的目标。其后，经过反复的调查和研讨，省委、省政府出台了一系列推进民族文化大省建设的政策措施，省人大在全国率先制定《云南省民族民间传统文化保护条例》，各州（市）、县也纷纷制定了各自的民族文化发展规划。在这些措施的推动下，云南少数民族的古籍、文物、语言文字的抢救保护和民族图书出版、民族体育、民族广播电影电视等民族文化事业得到全面发展；培养了一批从事民族文化艺术研究和表演的专业人才，认定了一批民族民间文化传人；深入实施"千里边疆文化长廊工程"，以少数民族文化为题材的各类优秀作品在全国频获大奖，成功打造了一批民族文化精品和民族文化知名品牌，初步形成了民族工艺、歌舞、节日、服饰、饮食、建筑、医药、旅游等民族文化产业，推动民族文化大省向民族文化强省迈进。①云南各民族的手工造纸业，也应该借助着良好的发展氛围，积极改进自身不足，拓展纸张应用范围，谋求更大的发展空间。

---

① 郭家骥：《改革开放 30 年云南民族关系的发展》，载《今日民族》，2009 年第 6 期。

7.2 云南手工纸历史档案保护体系构建

7.2.1 加强手工纸历史档案保护基础建设

加强手工纸历史档案的保护,需要完善管理体系,培养专业技术人才和发展基础传承人员相结合。

1. 完善管理体系

首先,促进保护法规的立法和实施。这些法规应考虑与实际结合,有可操作性,并且易于在各个地区推广。保护历史档案是一项长期工程,需要多学科多种技术的共同支持,制定法律法规时,应考虑多方面因素,包括各地区不同的气候环境、不同民族的生活习惯和宗教信仰等。目前,古籍和文物在价值定级、普查等方面的标准和规范已相对成熟,可以借鉴使用;但是有必要对一些特定载体的档案材料制定专用的标准,如制定纸张载体档案标准时,应考虑到手工纸和机制纸的区别,各类型手工纸的区别,才能制定出适合的评估和保护方法。

其次,将保护经费纳入各级财政预算,保障保护设施、设备的投放和使用,保障人才培养经费。云南省昆明市档案局(馆)配备有档案库房温湿度监控系统;此外每年定期对档案进行杀虫处理;还有专用的档案修裱室,配有专业人员。云南省档案馆(局)也使用了档案库房温湿度控制系统,对所有纸质历史档案不断进行扫描数字化工作。这些工作的实施都需要大量的经费支持。

最后,改进档案库房建筑,选择先进的保护设备,配备适宜的档案装具,保障工作人员的经费支出。目前云南很多地区的档案管理机构还没有先进的管理设备,急需改善。实地调查发现,迪庆州档案馆的历史档案保护措施仅是将纸质档案保存在香樟木制成的老式档案柜里。查阅利用都是手工操作;得益于迪庆温湿度适宜档案保存,基本上无须防虫,但维西县需要做防虫,一年两三次。迪庆州藏学研究所收藏的古籍约有大小不等200多件;清末、解放初的一些原件存在虫蛀现象,"文化大革命"中烧了很多，保存不善，有破损和少量虫蛀；但是现在，所藏历史档案都放在香樟木柜中，没有防虫措施。丽江东巴文化研究院共收藏2 000册东巴经其中897册列入联合国教科文组织登记在世界遗产名录的原件、扫描件都有收藏；目前在建藏经楼，正在向档案馆、图书馆了解相关的保护措施，计划按保管档案、图书的方式来建设库房，但是采购设备和后续管理的经费还有欠缺；其在建的藏经楼因古城管理局的要求只能盖成全木结构，不利于东巴经的保存，因此藏经楼主要是一栋用作展览的标志性建筑，库房为另外的混凝土结构房屋。丽江市档案馆因市政规划搬迁，外租办公室，档案都打包还没整理上架；保管设备只有铁皮柜，无密集架；馆中保存的民国档案多为用白棉纸书写，已进行整理装订和抢救修复裱糊等工作；因每年都放药片防虫，所以虫蛀情况少，但有少量发霉。该单位的工作人员介绍说，他们的工作条件较为简陋，经费不足，受重视程度不够，待遇也差，因为整理历史档案时长期处于灰尘和霉菌的环境下，患上了职业病。所以，云南省急需改善档案保管条件，为相关管理机构建筑专用档案库房配制先进的保护设备，提供适宜的档案装具，及保障工作人员的经费支出。

2．培养专业技术人才

少数民族档案的抢救和保护，需要大批高素质的档案保护人员作为人力资源保障。而如今保护人员的整体素质亟待提高，可以通过系统培训、建立人才培养基地等方式来实现保护人员整体水平的快速提高。

云南省的民族地区是经济、文化、教育、技术相对整体落后的地区，系统培训和保护工作同等重要。对于培训的内容、培训的时间要求以及培训人员都应做出系统安排。培训时间上可分为三个阶段，即前期、中期和后期。前期培训，即对全体档案保护人员进行培训，要求保护人员准确把握不同类型档案的价值分类、破损定级、基本属性等，通过培训，使保护人员和档案保管人员准确理解常用专业术语，掌握档案定名、定级、修复、保管的基本方法和基本技能，明确档案保护的目的、任务和实施整体计划等。中期培训，即对档案普查人员和保管人员的再次培训，让接受培训的人员了解规范化和科学化的保护规划、全面普查、分级保护的标准规范。后期培训，即对档案文修复人员和保管人员培训，包括修复技术、修复材料、保管措施、信息化建设的培训等，让广大保护人员了解不同载体材料档案的基本修复、保管方法和手段，促进整体保护过程的信息化建设。

建立统一的档案保护人才培养与科学研究基地，发展档案保护学科建设和人才培养机制。基地建设要充分利用和发挥相关院校的专业人才优势，从档案的研究对象与方法、基本内容和原则、适用范围和应用价值等方面，研究各民族地区档案的收集、抢救、保护、整理的规律和特点，创立并完善少数民族档案学的学科体系。坚持以提高各地区档案保护工作人员的理论水平和专业技能为重点，把短期培训、学历教育和高层次人才培养结合起来，以更好地满足抢救、保护、整理不同地区档案工作的不同需要，促进各地区档案保护工作的深入开展。

3．发展基础传承人员

云南各地区手工纸历史档案的制作工艺、原材料生产工艺、修复保护技艺、信息内容的世代相传都需要大量基层的传承人员来完成。

在培养这些档案传承人员的过程中，可以通过政府的扶持、民间力量的推动、家族内部的传统继承、学校教育的普及等各种渠道来实现。以政府相关部门为主导，通过政府的财政、政策、人力资源的扶持，培训传承人员。聘任技术熟练、知识丰富、基础扎实的传承人员为保护部门的专职工作人员，每月发放固定的经费，请他们为档案保护的传承培训学员。培训地点并不局限于各地的居民聚集的城市区域，要不定期地深入到有保护传承需要的基层去培训传授，制定一些考核指标，如果能够成功培养传承保护人才，就给予相应的精神和物质奖励。

民间文化保护组织、人士对少数民族档案保护的推动是自发的，具有本土化特色，民间人士自发开展少数民族文化传习培训，发掘少数民族民间文化资源，为本民族档案的可持续传承提供了生存环境保障。各种民间组织、企业团体为民族地区的民族语言文字的传承、民族档案载体的生产工艺再现提供资金、场所等展示平台，推动了少数民族档案保护，同时也为传承人员解决了一定的生活困难，使少数民族档案保护活动得到社会的认可、尊重和欣赏。在迪庆州白水台调查时，笔者遇到的和树荣老师就是这类民间人士，他自发组织当地纳西族年轻人学习东巴文化，自筹经费推动建立和保障了当地东巴文化传习所的正常运行，在当地社会中具有很高的影响力和声望，为传承纳西东巴文化做出了杰出的贡献。

传统方式的家族内部继承是民族地区民间文化传承的主要手段，同时也是卓有成效的传承档案文信息内容的重要方式。民族地区民间文化环境的基础深厚，传统上掌握这些少数民族档案的传承人员多是有一定知识基础、在社会中有一定地位的艺人，而且家族世袭的传承方式在很多民族都已成为通例。比如纳西族的祭司东巴、彝族祭司毕摩、哈尼族的贝玛等，按照传统是实行父传子的传承方式。在家庭内部传承的过程中，少数民族档案更容易保存最原始的文化内涵，因此应鼓励家庭内部的传承。档案载体材料的制作工艺，也是采用这样的传承方式，实地调查的近十个村落中，都是以家庭为单位建立造纸作坊，老人将造纸工艺传给后代，后代也在父辈的造纸劳作中成长，从小就参与到造纸原料的采集和初加工程序中。

在民族地区的学校教育中普及少数民族档案中蕴涵的丰富民族文化知识，为民族地区原生态民族文化的传承发展开辟大规模的传承保护渠道。在中小学开展切实的民族历史文化普及教育，支持民族文化的高等教育和科学研究。在学校中传授档案中的文化研究成果，传承民族传统文化，保证稳定的学生来源、固定的学习时间和规范的教学纪律。在传承过程中，以不影响政策教学为原则，淡化传统文化中的宗教知识，强化历史文化知识的传授，增强本民族优秀的传统文化自豪感。

7.2.2 开展纸质历史档案现状调查

云南各民族纸质历史档案数量众多，种类丰富，需要系统地对其进行调查登记。调查内容包括各类管理机构，纸质历史档案存世数量、书写材料种类、破损情况，保护环境等方面。

首先，制定相应的调查标准。与少数民族历史档案直接相关的抢救、修复、保护等标准非常少。由于档案与古籍、文物载体材料方面具有相似性，且三者在概念外延、内涵界定上有相似或重合之处，所以可以借鉴古籍、文物的相关标准用于云南各民族纸质历史档案的调查。历史档案的全面普查可以用来借鉴的标准规范较少，有关的适用标准可以借鉴2006年公布的古籍方面的普查规范《古籍普查规范》（WH/T 21—2006）。历史档案的价值定级可以使用的有关的标准有《中国少数民族文字珍贵古籍入选标准（暂行）》，其他还可以应用的还有文化行业标准《古籍定级标准》（WH/T 20—2006）、档案系统公布的标准规范《云南省珍贵档案文献评选办法（暂行）》和《"中国档案文献遗产工程"入选标准细则》，古籍方面的定级标准《碑帖拓本定级标准（暂行）》和《佛教古籍定级标准（暂行）》，文物系统公布的《文物藏品定级标准》和《近现代一级文物藏品定级标准（试行）》。少数民族历史档案的破损程度、致损成因、保护措施、保存环境的适用标准有国家标准《古籍修复技术规范与质量要求》（GB/T 21712—2008），文化行业标准《古籍特藏破损定级标准》（WH/T 22—2006）和《图书馆古籍特藏书库基本要求》（WH/T 24—2006）。

其次，在制定适合云南省实际情况的标准时，还应考虑以下问题：

（1）明确档案形成的地区和保管的机构。云南的少数民族在历史迁徙后分布广泛，不同地域在历史上发展水平不均，在各个历史阶段所起到的作用和做出的贡献也不一样。因此档案文献所反映的地区，也成为判定其价值的一个重要方面。凡是反映类似区域重大情况的档案文献，其价值更大，所以调查时应明确档案形成的地区、民族。另外，文物管理机构、各级档案馆、研究院所等，都会保存一定数量的少数民族历史档案，要详细统计各类管理机构的保管情况，可以全面了解现存历史档案的分布情况，也为推广保护技术、交流修护经验打下基础。

（2）明确档案记录的主题内容。档案所反映的主题内容是判断其价值的重要因素，是后人了解历史的最佳材料。调查时应注意区别档案内容反映的是云南省各地区历史上政治、经济、军事、文化、科技、民俗、宗教等哪一方面内容；不同的地区有何种标志性的特色历史档案。

（3）明确档案记录的时间。档案形成的时间，是决定其价值的关键因素，它包含两层含义：档案形成时间的远近，在其他标准等同的前提下,档案形成的时间越久远,其价值越大;档案的形成时间具有阶段性,某一历史时段内会产生特定内容的档案,而且社会历史呈阶段性发展,不同的历史阶段在历史进程中的作用也不相同。档案价值判定具有时间相对性的特点,主要表现在产生于某一重要历史阶段的档案,会比时间较久远的档案更有价值。

(4)注意区别档案载体与风格。云南各地区形成的各类档案有几千年的历史,不同时期的档案无论是载体材料还是书写技术都有各自独特的形式和风格。对于已失传或濒临消失的生产技术和载体,以及在美学、考古学、文献学上具有独特风格和典型意义的档案文献,比如使用特殊载体材料制作的档案,或记录档案使用的文字具有书法、文字学研究价值等,其价值就更大。

(5)注意区别不同民族与人物。云南是个少数民族聚居省份,反映某一民族形成、发展和民族生活习俗、文化艺术、宗教信仰的档案,以及反映各民族抵抗侵略、维护统一等重大历史事件和重要历史人物的档案,都具有典型意义。杰出人物在历史上的作用不可忽视,一些著名人物的手书原稿,无疑要比普通人物的档案更珍贵。

(6)区别书写材料种类。有一些档案由载体材料和书写材料共同构成,研究档案书写材料,也是一个重要的部分。云南地区纳西族、藏族使用竹笔书写,傣族使用植物染色的颜料作画,这些书写材料也是档案保护学研究的重要组成部分。在调查各类历史档案时,不能忽视对书写材料的研究。

(7)分级鉴定档案破损情况。档案破损虽然表现形式不同,但就档案文献载体受到的损害性质来说只有两类。以载体材料最多的纸张材料为例,一类是由于纸张内部原因引起的损害,另外一类是纸张外部原因引起的损害。纸张内部原因引起的损害主要的表现就是纸张的酸化和老化,此类档案大多外观基本完整,纸张受损情况不易被发现。而档案外部因素造成的损害特征明显,极易发现。例如虫蛀,非常直观,被虫蛀食的档案千疮百孔,很容易引起人们的注意。在调查时,需注意记录档案的破损类型,纸张材料档案的破损,根据损坏的特征一般可分别记录为下面几种类型:酸化、老化、霉蚀、粘连、虫蛀、鼠啮、絮化、撕裂、缺损、烬毁、线断等。

（8）综合考虑历史档案的保护环境。一方面是档案保存库房的客观环境，调查时可记录档案保管库房的地理环境、建筑设计是否达到有关库房建筑设计要求，需要如何改进；还应注意档案最基本的保管设备包括空气调节装置、防火设备、防盗装置等是否完备；及实际应用的档案保管装具有哪些，是否根据民族特有习惯而选择了特制装具，装具使用效果如何，需要如何改善等。另一方面，有的手工纸档案送入档案馆以后，由于保存环境的改变，反而受到损坏。所以应详细调查手工纸在其产地保存的气候条件，设计专用保管库房时，应考虑在库房环境中还原纸张产地的气候环境。如美国针对丽江的气候进行研究，专门建设东巴纸档案保管库房，库房内利用现代设备还原了丽江的自然气候，以避免东巴纸因环境改变而受到损坏。

（9）在调查时注意加强与其他学科的交流学习。学习人类学、社会学和民族学的田野调查方法，深入了解各民族的文化习惯、档案记录习惯，探究各民族之间在档案载体形式上的互相交流。如纳西族、藏族和普米族，都使用竹笔书写历史档案，而且因为这种书写方式，决定了藏族和纳西族需要制作较厚的纸张书写，才能保证书写时纸张不被竹笔刮破。在调查纸张载体材料的具体构成时，还要注意区别各种纸张的名称，统一规范，目前就纸张载体而言，有时不同的纸张有同样的叫法，进行研究时容易造成混淆，影响研究结果。如"绵纸"通常情况下指的是"构树皮纸"，但是，在蔡小晃的调查文献《德宏州傣族文字古籍》一文中，作者称"竹纸"为绵纸，且说"德宏一带及耿马、孟连的部分一文古籍文献多用绵纸书写。绵纸以竹子为原料，色彩微黄，纸质软薄，但有韧性，不易破损。"[①]所以在进行档案载体材料调查前，一定要明确各类档案载体的构成和名称，防止因调查标准不统一而造成的知识混淆，影响其他研究。

---

① 李国文：《云南少数民族古籍文献调查与研究》，民族出版社2010年版，第85页。

7.2.3 扩大纸张材料保护技术学术交流

纸张材料是使用最广泛，目前为止使用时间最长的档案载体材料，其中手工纸类材料历经了数千年的使用历程，历史学、考古学、民族学等都对这一载体材料投入了关注，在研究这类纸张载体材料的保护时，可以借鉴多学科的知识。

1. 借鉴文献资源

档案保护技术学方面，注重纸张耐久性及纸张老化的研究。邢惠萍介绍影响纸张老化的主要因素是酸度、光、氧化、湿度和温度，并综述了近年来国内外纸张保护的主要方法和各个方法的优点及存在的问题，进而提出寻求一种既能提高纸张耐久性，又经济方便的保护方法的迫切性。[1]王海松、侯庆喜等关注档案纸的老化机理、防虫研究，呼吁尽快颁布关于档案纸耐久性要求的国家标准。戴畅和尹慧道还通过实验分析使用菊酯类杀虫剂后，七种档案库房常用纸张的白度、耐折度和撕裂度都发生了不同程度的降低，处理时间延长，下降幅度越大；最后提出应将菊酯类杀虫剂主要用于空库或空地的喷洒杀虫，减少对档案纸张的损坏。[2]张美芳、韩秀琴介绍了国外纸张加固普遍使用的方法，选用乙基纤维素、丝网进行加固纸张的实验，最后得出结论：经老化试验后用丝网和乙基纤维素加固的纸张，同未加固纸张相比，其物理性能都有所下降，乙基纤维素加固的纸张下降幅度稍大些。丝网加固纸张的变化与未加固纸张变化相差不大，加固方法并没有影响纸张的寿命。[3]木质素是影响纸质档案耐久性的重要方面，张美芳还提出，利用转基因技术降低植物体中木质素的含量，既可以降低能耗，减少对环境的污染，又可以从根本上解决纸浆木质素含量高的问题，从而提高纸张耐久性。[4]此外，

---

[1] 邢惠萍：《纸张保护的研究进展》，载《陕西师范大学学报》（自然科学版），2004年第6期。
[2] 戴畅，尹慧道：《菊酯类杀虫剂对档案纸张耐久性影响的初试报告》，载《机电兵船档案》，2004年第3期。
[3] 张美芳，韩秀琴：《加固纸张耐久性的研究》，载《档案学通讯》，2002年第5期。
[4] 张美芳：《生物技术与档案保护》，载《档案学通讯》，2001年第4期。

关于这方面的研究还很多，很多学者从温度、湿度、大气污染、冷冻杀虫、光老化等情况对纸张耐久性的影响进行了多方面分析，研究成果颇丰。

民族档案学方面，云南大学郑荃专门撰文对西南少数民族纸质历史档案的保护问题进行了研究；涉及少数民族档案载体的著作有：华林著的《西南少数民族历史档案管理学》《傣族历史档案研究》《藏文历史档案研究》《西南彝族历史档案》，及何永斌著的《西川羌族特殊载体档案史料研究》等书，专门介绍少数民族档案包含的各类载体材料。其中最常用的就是纸质档案载体，而且很多民族使用的纸张都由手工制造，其工艺一直流传到现代，各地群众还在继续使用。但是，各类书籍对这些手工纸载体材料的制作工艺，及纸张耐久性的论述还不够深入具体，有待进一步的研究。

其他学科对少数民族手工纸的生产和应用也有过调查和了解。如李晓岑著的《云南少数民族手工造纸》《科学和技艺的历程——云南民族科技》《白族的科学与文明》《南诏大理国科学技术史》；杨建昆主编的《云南民族手工造纸地图》；牛治富主编的《西藏科学技术史》；费孝通、张之毅著的《云南三村》等著作，都涉及少数民族手工造纸的历史、生产、使用情况等方面的问题，对从纸张生产过程探究纸张耐久性提供了有益的参考。此外，古代关于纸张制作的专著有：苏易简（958—996）《文房四谱·纸谱》，费著（约1303—1363）《蜀笺谱》，宋应星（1587—1666？）《天工开物·杀青》，黄兴三（约1850—1910）《纸说》等[①]。近代，潘吉星著的《中国造纸史》；钱存训著的《书于竹帛》《中国纸和印刷文化史》；刘仁庆著的《中国古纸谱》；王菊华主编的《中国古代造纸工程技术史》等著作，站在宏观的角度上记录了我国各民族各时期的各种手工纸制造方法，对于了解手工纸的发展历程很有帮助，为探究手工纸的耐久性打开了新的视角。

此外，对手工纸的研究论文也非常多，但是涉及手工纸耐久性分析的却很少，针对云南地区各民族手工纸档案载体的耐久性研究也不多见。

---

① 潘吉星：《中国造纸史》，上海人民出版社2009年版，第28页。

2．国际学术交流

为推动交流东亚国家在纸张保护方面的技术成果和经验，2006年"第一届东亚纸张保护修复国际学术研讨会"在北京成功举办，之后的2007年、2008年，又分别在日本和韩国举行了第二、第三届研讨会，2010年在中国兰州举办了第四届研讨会。该会议是全面交流纸张载体保护的平台，有来自中国、日本、韩国、朝鲜、蒙古的代表参加该会议；另外，联合国教科文组织以及英国、美国、意大利、德国及中国香港地区的代表也参与到会议中。2012年11月3日至4日，由日本九州国立博物馆、日本国宝装潢修复师联盟和东亚文化遗产保护学会纸质文物保护专业委员会共同主办的第五届东亚纸张保护研讨会在日本福冈举行。来自中国、日本、韩国及英国、美国等国家的近100名从事纸质文物研究和保护的专家、学者参加了会议。2015年12月8日至9日，由联合国教科文组织、宁波市文化广电新闻出版局和东亚文化遗产保护学会纸质文物保护专业委员会主办，宁波市天一阁博物馆承办的联合国教科文组织—东亚纸质文物保护学术研讨会在浙江宁波召开。来自日本、韩国、朝鲜、蒙古及国内的纸质文物保护专家100余人参加了此次会议。

2006年举办的第一届会议得到国内外多家相关学术机构及社会团体的大力支持，会议的协办与支持单位是故宫博物院、中国国家图书馆、联合国教科文组织北京代表处、日本驻中华人民共和国大使馆、日本文化厅、日本国独立行政法人文化财研究所、日本国独立行政法人国立博物馆及日本文化艺术振兴财团等。会议的主题是纸质文物的保护与修复。开幕式上，首先由中国科学院副秘书长郭华东教授代表会议主办单位致开幕词。他指出：保护纸质文物，是自纸张被发明之后就已经提出的课题，人类已经逐步探索出一套行之有效的保护技术和材料。但是还需要做深入的、审慎的、理论和实践紧密结合的艰苦研究，也更需要培养大批的理论与实际相结合的人才，还需要更大范围、多个层次的合作与交流。而中国科学院愿意为国内外同行提供一个宽广的，课题研究、合作与交流的平台并尽可能提供服务和支持。日本驻华大使馆井出敬二公使代表日本政府致贺词。他指出，日本的历史文化是源于中国文化发展起来的，我们应该尊重历史,推动两国人民和学术的交流与合作。联合国教科文组织北京代表处代表青岛泰之先生在致辞中,首先回顾了教科文组织在推动文化与自然遗产方面的一系列重大举措和行动,也高度评价了中国政府对文化遗产保护的日益重视,殷切期望中国在文化遗产保护事业上做出更好业绩,并在东亚事务中发挥更大作用。会议期间,来自日本各机构的88位学者、来自韩国的16位学者和来自中国各相关机构的110多位学者围绕"纸张保护""造纸史与古纸修复"等议题做出了16个精彩的专题学术报告,内容分别涉及中、日、韩三国纸张保护与修复的历史及传统工艺、纸张科学分析的最新进展、模板印刷技术及数据画像技术在大量修复文书中的应用及修复技术人员的培养等方面。此外,会议还就如何继续推动东亚地区文化遗产的研究和保护进行了探讨。

2010年第四届会议的主题是"丝绸之路纸张研究与保护""传统造纸技术保护和传承"。会议提出作为人类文明发展重要见证的各类纸质文物正面临着自然和人为的侵蚀和破坏,亟待保护;东亚传统造纸技术和纸张保存、保护、修复技术是一脉相承的,中国、日本、韩国、朝鲜和蒙古五国学者,为寻求和探讨传统工艺与现代技术相结合的有效途径开展了相互交流与合作,推动了纸质文物的保护工作。会议上,国家文物局科技司副司长罗静在致辞中简要介绍了我国近年来在纸质文物保护与研究方面取得的成果,如纸张脱酸、脆化加固技术,古纸科学价值挖掘、传统造纸技术传承与展示,纸质文物保护修复系列标准等,表示"十二五"期间仍将纸质文物保护修复、传统工艺抢救与科学化等工作列为重点领域,进一步加大支持力度,使纸质文物和传统造纸工艺得到科学有效的保护。后续研讨会上,甘肃省博物馆李天铭、日本正仓院杉本一树、韩国技术教育大学郑在永、蒙古国Bandii Garid、中国文化遗产研究院教育培训中心纸张实验室王珊、韩国粧䊀研究会三星美术馆南有美、南京博物院张金萍、甘肃省文物考古研究所韩飞、日本有吉正明、韩国朴智善、北京科技大学李晓岑、意大利Andrea Sartori就东亚纸张保护与研究、丝绸之路出土纸质文物的研究与保护分别做了主题演讲和发言，围绕会议主题展开了深入交流和探讨。①

2015年的第六届会议得到了国内外多家相关学术机构及社会团体的大力支持，主要有中国华夏文化遗产基金会、南京博物院、甘肃省博物馆、甘肃省考古研究所、复旦大学文博系、上海博物馆、四川博物院、贵州省博物馆、中国文化遗产研究院、日本国宝修理装潢师联盟、九州国立博物馆、韩国装潢师研究会等。会议期间，来自联合国教科文组织驻华代表处文化遗产保护专员杜晓帆先生、宁波市天一阁博物馆庄立臻女士、日本国宝修理装潢师联盟理事长坂田雅之先生、蒙古国家中心档案馆保护技术专家道玛女士、中国国家图书馆研究员杜伟生先生、韩国学中央研究院专员金娜幸女士、南京博物院副研究员何伟俊先生、日本国宝修理装潢师联盟理事冈岩太郎先生、中国复旦大学文物与博物馆学系副主任陈刚教授、蒙古外交官蒙克巴托先生、故宫博物院李广华女士、宁波市天一阁博物馆马灯翠女士、南京博物院张金萍女士、浙江博物馆郑幼明先生等著名纸质文物保护修复领域专家分别做了做出了11个精彩的专题学术报告和点评，内容分别涉及中、日、韩三国纸张保护与修复的历史及传统工艺、纸质文物无损探测技术的开发与应用、纸质文物保护现代化学保护材料的研究、纸质文物保护天然保护材料与传统保护工艺研究、纸质文物保护理念和纸质文物保护发展方向等方面。最后，联合国教科文组织驻华代表处文化遗产专员杜晓帆博士就近年来东亚纸质文物保护工作发展情况和未来发展目标做了重要讲话。他回顾了2006年第一届东亚纸张保护学术研讨会以来，各国之间开展的合作交流，尤其重要的是完成了两项工作，一是成立了东亚纸质文物保护专业委员会，为今后各国间的交流与合作奠定了坚实基础；二是圆满完成"东亚纸张保护方法和纸张制造传统"项目，各国在调查研究和总结实践经验的基础上形成的《纸质文物保护与修复操作指南》，是东亚纸质文物修复第一个具有实施性的方针指南，对修复工作的科学化和规范化具有重要的意义。同时，项目在调查研究、能力建设、公众意识提升等方面，也发挥了积极作用。杜晓帆说："联合国教科文组织将一如既往

---

① 甘肃省文物局网 http：//www.gsww.gov.cn/List_detail.asp？ Class_ID=66&ID=1997

地支持东亚纸质文物保护事业发展，希望各国之间能本着求同存异的态度，搁置分歧，共商研讨，最终推动东亚纸质文物保护修复与传统纸张制造技术的共同进步。"①

综上所述，应该继续加强纸张载体的修复和保护研究，特别是关注不同地区的手工纸制造工艺，研究手工纸档案耐久性，借鉴学习各国的各种先进技术，同时推广和展示云南的手工纸文化。

---

① 东亚纸张制造方法和纸张制造传统.http：//www.tianyige.com.cn/art/2015/12/11/art_90_19744.html

附　录

图片目录

第1章

图1.1　纸张定量取样 / 023

图1.2　纸张定量测量 / 023

图1.3　测试撕裂度纸张取样 / 024

图1.4　纸张撕裂度测量 / 024

图1.5　测试耐折度纸张取样 / 025

图1.6　纸张耐折度测量 / 025

图1.7　测试抗张强度纸张取样 / 025

图1.8　纸张抗张强度测量 / 025

第2章

图2.1　九渡村竹林 / 035

图2.2　九渡村石碾 / 038

图2.3　九渡村竹帘和竹刷 / 038

图2.4　楚雄九渡村竹纸纤维图 / 047

图2.5　文山者卡村竹纸纤维图 / 048

第3章

图3.1　三坝乡白地村恩土湾荛花 / 062

图3.2　恩土湾原料去黑皮 / 066

图3.3　恩土湾煮原料 / 066

图3.4　恩土湾舂料工具（1）/ 066

图3.5　恩土湾舂料工具（2）/ 066

图3.6　恩土湾浇纸用纸槽 / 066

图3.7　恩土湾造纸用木板 / 066

图3.8　吴树湾荛花去黑皮 / 069

图3.9　吴树湾煮荛花皮 / 069

图3.10　吴树湾一次舂料 / 069

图3.11　吴树湾二次舂料 / 069

图3.12　吴树湾浇纸过程（1）/ 069

图3.13　吴树湾浇纸过程（2）/ 069

图3.14　吴树湾浇纸过程（3）/ 070

图3.15　吴树湾浇纸过程（4）/ 070

图3.16　吴树湾浇纸过程（5）/ 070

图3.17　吴树湾晒纸 / 070

图3.18　吴树湾荛花树皮的纵切面图 / 075

图3.19　荛花树皮的横切面图 / 076

图3.20　普通东巴纸纤维图 / 077

图3.21　东巴纸2—1纤维图（整体）/ 077

图3.22　东巴纸2—1纤维图（细节）/ 078

图3.23　东巴纸2—2纤维图（整体）/ 078

图3.24　东巴纸2—2纤维图（细节）/ 079

图3.25　东巴纸3—1纤维图（整体）/ 079

图3.26　东巴纸3—1纤维图（细节）/ 080

图3.27　东巴纸3—2纤维图（整体）/ 080

图3.28　东巴纸3—2纤维图（细节）/ 081

图3.29　东巴纸4—1纤维图（整体）/ 081

图3.30　东巴纸4—1纤维图（细节）/ 082

图3.31　东巴纸4—2纤维图（整体）/ 082

图3.32　东巴纸4—2纤维图（细节）/ 083

图3.33　东巴纸5—1纤维图（整体）/ 083

图3.34　东巴纸5—1纤维图（细节）/ 084

图3.35　东巴纸5—2纤维图（整体）/ 084

图3.36　东巴纸5—2纤维图（细节）/ 085

第4章

图4.1　尼西乡枪朵村荛花（1）/ 096

图4.2　尼西乡枪朵村荛花（2）/ 096

图4.3　尼西乡枪朵村狼毒（1）/ 097

图4.4　尼西乡枪朵村狼毒（2）/ 097

图4.5　尼西乡枪朵村荛花皮纵切面（1）/ 102

图4.6　尼西乡枪朵村荛花皮纵切面（2）/ 102

图4.7　尼西乡枪朵村荛花皮横切面 / 103

图4.8　尼西乡枪朵村狼毒根部外皮纵切面 / 103

第5章

图5.1　距今200多年的老傣文经书内页图文 / 116

图5.2　曼召村中的构树 / 116

图5.4　曼召村机器舂料 / 119

图5.3　曼召村煮原料 / 119

图5.5　曼召村抄纸 / 119

图5.6　曼召村浇纸 / 119

图5.7　曼召村晒纸 / 119

图5.8　曼召村揭纸 / 119

图5.9　芒团村晒在房梁上的构树皮 / 122

图5.10　芒团村煮原料 / 124

图5.11　芒团村一次洗涤原料 / 124

图5.12　芒团村二次洗涤原料 / 125

图5.13　芒团村舂料 / 125

图5.14　芒团村浇纸 / 125

图5.15　芒团村纸面砑光 / 125

图5.16　龙珠村外购的干燥构树皮 / 129

图5.17　龙珠村煮原料 / 132

图5.18　龙珠村洗涤原料 / 132

图5.19　龙珠村机器打碎原料 / 132

图5.20　龙珠村抄纸 / 132

图5.21　龙珠村揭纸 / 133

图5.22　龙珠村晾纸墙 / 133

图5.23　新庄外购的干燥构树皮 / 138

图5.24　高黎贡山古纸博物馆 / 139

图5.25　新庄造纸歌 / 139

图5.26　新庄浸泡构皮 / 143

图5.27　新庄煮构皮 / 143

图5.28　新庄洗构皮 / 143

图5.29　新庄打浆机器 / 143

图5.30　新庄抄纸 / 144

图5.31　新庄榨纸台 / 144

图5.32　新庄晒纸用棕刷 / 144

图5.33　新庄晒纸 / 144

图5.34　募补村外购构树皮 / 148

图5.35　募补村舂料工具 / 150

图5.36　募补村人工舂料 / 150

图5.37　募补村块状原料 / 151

图5.38　募补村浸泡仙人掌汁 / 151

图5.39　募补村抄纸 / 151

图5.40　募补村榨纸 / 151

图5.41　募补村揭纸 / 151

图5.42　募补村晾纸 / 151

图5.43　芒团构树皮纸经书（1）/ 154

图5.44　芒团构树皮纸经书（2）/ 154

图5.45　曼召构树皮纸经书（1）/ 155

图5.46　曼召构树皮纸经书（2）/ 155

图5.47　芒团构树皮纸纤维图（整体）/ 156
图5.48　芒团构树皮纸纤维图（细节）/ 157
图5.49　曼召构树皮纸纤维图（整体）/ 158
图5.50　曼召构树皮纸纤维图（细节）/ 158
图5.51　曼召构树皮纸经书纤维图（整体）/ 159
图5.52　曼召构树皮纸经书纤维图（细节）/ 159
图5.53　募补村构树皮纸纤维图（整体）/ 160
图5.54　募补村构树皮纸纤维图（细节）/ 160
图5.55　龙珠村构树皮纸纤维图（整体）/ 161
图5.56　龙珠村构树皮纸纤维图（细节）/ 161
图5.57　新庄构树皮纸纤维图（整体）/ 162
图5.58　新庄构树皮纸纤维图（细节）/ 163
图5.59　新庄古老构树皮纸纤维图（整体）/ 163
图5.60　新庄古老构树皮纸纤维图（细节）/ 164

表目录

第1章

表1.1 实地考察云南地区手工造纸地点汇总表 / 021

第2章

表2.1 云南竹纸试验数据 / 048

第3章

表3.1 杰克逊统计西方国家东巴经收藏情况一览表 / 053

表3.2 东巴纸改良试验添加助剂种类表 / 072

表3.3 云南东巴纸试验数据 / 086

第5章

表5.1 勐海县佛寺傣文档案文献收藏情况 / 110

表5.2 构树皮纸样品情况表 / 153

表5.3 云南构树皮纸试验数据 / 164

第6章

表6.1 实地调查云南省造纸原料汇总表 / 167

表6.2 云南省竹原料生产情况汇总表 / 170

表6.3 几种竹纤维的纤维长宽度测量值 / 172

表6.4 云南省莞花原料生产情况汇总表 / 173

表6.5 云南省构树原料生产情况汇总表 / 180

表6.6 中国古代若干常用造纸原料化学成分表 / 189

表6.7 云南省造纸原料浸泡时间表 / 190

参考文献

一、专著

[1]华林. 西南彝族历史档案[M]. 昆明：云南大学出版社，1999.

[2]华林. 藏文历史档案研究[M]. 昆明：云南大学出版社，2006.

[3]金波. 档案保护技术学[M]. 北京：高等教育出版社，2000.

[4]朱玉媛. 档案学研究进展[M]. 武汉：武汉大学出版社，2007.

[5]罗茂斌. 档案保护技术学[M]. 昆明：云南科技出版社，2001.

[6]郭莉珠. 档案保护技术学教程[M]. 北京：中国人民大学出版社，2000.

[7]刘家真. 文献遗产保护[M]. 北京：高等教育出版社，2005.

[8]周耀林. 档案文献遗产保护理论与实践[M]. 武汉：武汉大学出版社，2008.

[9]仇壮丽. 中国档案保护史论[M]. 湘潭：湘潭大学出版社，2007.

[10]胡鸿杰. 化腐朽为神奇——中国档案学评析[M]. 上海：上海世界图书出版公司，2010.

[11]施惟达. 云南民族村寨调查：跨世纪的思考—民族调查专题研究[M]. 昆明：云南大学出版社2001.

[12]潘吉星. 中国造纸史[M]. 上海：上海人民出版社，2009.

[13]苏荣誉，等. 东亚纸质文物保护：第一届东亚纸张保护学术研讨会论文集[M]. 北京：科学出版社，2008.

[14]李国文. 云南少数民族古籍文献调查与研究[M]. 北京：民族出版社，2010.

[15]李晓岑，朱霞. 云南少数民族手工造纸[M]. 昆明：云南美术出版社，1999.

[16]费孝通,张之毅.云南三村[M].北京:社会科学文献出版社,2006.

[17]庄孝泉,孙学君.富阳竹纸制作技艺[M].杭州.浙江摄影出版社,2009.

[18]李文海,夏明芳,黄兴涛.民国时期社会调查丛编(少数民族卷)[M].福州:福建教育出版社,2005.

[19]杨建昆.云南民族手工造纸地图[M].昆明:云南科技出版社,2005.

[20]杨福泉.纳西族文化史论[M].昆明:云南大学出版社,2006.

[21]杨福泉.纳西族与藏族历史关系研究[M].北京:民族出版社,2005.

[22]方国瑜,和志武.纳西象形文字谱[M].昆明:云南人民出版社,1980.

[23]丽江县政协文史资料委员会.丽江文史资料第六辑.

[24]杨旭黎.迪庆史话[M].昆明:云南民族出版社,2007.

[25]牛治富.西藏科学技术史[M].拉萨:西藏人民出版社,2003.

[26]华林.西南少数民族历史档案管理学[M].北京:民族出版社,2001.

[27]刘仁庆.中国古纸谱[M].北京:知识产权出版社,2009.

[28]中国科学院植物研究所.中国经济植物志[M].北京:科学出版社,1961.

[29]王菊华,等.中国古代造纸工程技术史[M].太原:山西教育出版社,2006.

[30]钱存训.中国科学技术史.纸和印刷[M].上海:上海古籍出版社,1990.

[31]孙宝明,李钟凯.中国造纸植物原料志[M].北京:中国轻工业出版社,1959.

[32]隆言泉,等.制浆造纸工艺学[M].北京:中国财政经济出版社,1961.

[33]河北轻工学院造纸教研室.制浆造纸工艺学(上册)[M].北

京：轻工业出版社，1961．

[34]王文光，龙晓燕，李晓斌．云南近现代民族发展史纲要[M]．昆明：云南大学出版社，2009．

[35]王新才．档案学研究进展[M]．武汉：武汉大学出版社，2010．

[36]黄润华，史金波．少数民族古籍版本——民族文字古籍[M]．南京：江苏古籍出版社，2003．

[37]李晓岑．白族的科学与文明[M]．昆明：云南人民出版社，1997．

[38]李晓岑，韩汝芬．古滇国金属技术研究[M]．北京：科学出版社，2011．

[39]华觉明，李晓岑，唐绪祥．金属采冶和加工技艺[M]．郑州：大象出版社，2008．

[40]华林．傣族历史档案研究[M]．北京：民族出版社，2000．

[41]苏荣誉，詹长法，[日]冈岩太郎．东亚纸质文物保护——第一届东亚纸张保护学术研讨会论文集[M]．北京：科学出版社，2008．

[42]吉克·尔达·则伙．我在神鬼之间——一个彝族祭司的自述[M]．昆明：云南人民出版社，1990．

[43]黄建明．彝族古籍文献概要[M]．昆明：云南民族出版社，1993．

[44]王耀希．民族文化遗产数字化[M]．北京：人民出版社，2009．

[45]宋迪生．文物与化学[M]．成都：四川教育出版社，1992．

[46]王惠贞．文物保护学[M]．北京：文物出版社，2009．

[47]秦剑，解明恩，刘瑜，等．云南气象灾害总论[M]．北京：气象出版社，2000．

[48]陈宗瑜．云南气候总论[M]．北京：气象出版社，2001．

[49]戴庆厦．中国濒危语言个案研究[M]．北京：民族出版社，2004．

[50]周耀林．可移动文化遗产保护策略[M]．北京：北京图书馆出版社，2006．

[51]马淑琴．文物霉菌的防治[M]．北京：科学出版社，1997．

[52]元江哈尼族彝族傣族自治县志编纂委员会．元江哈尼族彝族傣族自治县志[M]．北京：中华书局，1993．

[53]楚雄彝族自治州地方志编纂委员会．楚雄彝族自治州志[M]．北

京：人民出版社，1995．

[54]云南省维西傈僳族自治县志编纂委员会．维西傈僳族自治县志[M]．昆明：云南民族出版社，1999．

[55]通海县史志工作委员会．通海县志[M]．昆明：云南人民出版社，1992．

[56]云南省勐海县地方志编纂委员会．勐海县志[M]．昆明：云南人民出版社，1997．

[57]云南省地方志编纂委员会，云南省科技志编委会．云南省志卷七科学技术卷[M]．昆明：云南人民出版社，1998．

[58]杨中一．中国少数民族档案及其管理[M]．北京：中国档案出版社，1993．

[59]赵希涛，李铁松，和尚礼．中国云南白水台[M]．北京：中国旅游出版社，1998．

[60]杨正文．东巴圣地——白水台[M]．昆明：云南人民出版社，1999．

[61]钱存训．中国纸和印刷文化史[M]．桂林：广西师范大学出版社，2004．

[62]钱存训．书于竹帛[M]．上海：上海书店出版社，2006．

[63]冯彤．和纸的艺术——日本无形文化遗产[M]．北京：中国社会科学出版社，2010．

[64]李晓岑，朱霞．科学和技艺的历程：云南民族科技[M]．昆明：云南教育出版社，2000．

[65]普学旺，梁红．奇异独特的信息符号：云南民族语言文字[M]．昆明：云南教育出版社，2000．

[66]林超民．源远流长灿烂辉煌：云南民族历史[M]．昆明：云南教育出版社，2000．

[67]李国文，昂自明，等．古老的记忆：云南民族古籍[M]．昆明：云南教育出版社，2000．

[68]何永斌．西川羌族特殊载体档案史料研究[M]．成都：巴蜀书社，2009．

[69]杨建新．富阳竹纸制作技艺[M]．杭州：浙江摄影出版社，2009．

[70]王成兴，尹慧道．文物保护技术[M]．合肥：安徽大学出版社，2005．

[71]王蕙贞．文物保护学[M]．北京：文物出版社，2009．

[72]张承志．文物保藏学原理[M]．北京：科学出版社，2010．

[73][澳]唐立．云南物质文化生活·生活技术卷[M]．昆明：云南教育出版社，2000．

[74]ROCK J F．The Life and Culture of the Na—khi Tribe of the China—Tibet Borderland[M]．Wiesbaden，1963．

[75]国家轻工业局质量标准处．中国轻工业标准汇编·造纸卷（上册、下册）[M]．北京：中国标准出版社，1999．

二、论文

[1]李晓岑．纳西族的手工造纸[J]．云南社会科学，2003（3）．

[2]周耀林．对1949—2000年我国档案保护技术研究论文的统计分析[J]．档案学研究，2002（4）．

[3]张兆成．复印墨粉类字迹材料的保护[J]．档案学研究，2003（3）．

[4]彭远明．静电复印件纸页粘连褪变的量化研究[J]．档案学通讯，2001（6）．

[5]姜首信，郭莉珠，李明闲．计算机打印字迹材料耐久性研究[J]．档案学通讯，2001（3）．

[6]李佳．国画档案颜料耐久性研究[J]．档案学通讯，2003（6）．

[7]蔡丽娜，李凤莲．图纸档案保护的问题与对策[J]档案学通讯，2005（1）．

[8]王玲玲．中文古地图的保护与修复[J]．档案学研究，2005（4）．

[9]韩秀琴，张美芳，艾建华，等．修正液、修正带及字迹耐久性研究[J]．档案学通讯，2003（3）．

[10]刑惠萍，李玉虎．明清古旧书画熟宣纸的修复与脱酸研究[J]．档案学通讯，2005（5）．

[11]刑惠萍，李玉虎、伍爱玲．碳素环境对字画的保护研究[J]．档案学研究，2007（1）．

[12]尹慧道，高菲．纸质档案液相去酸法利弊剖析[J]．档案学通讯，2002（1）．

[13]邢惠萍．纸张保护的研究进展[J]．陕西师范大学学报（自然科学版），2004（6）（第32卷专辑）．

[14]刘小敏，齐银卿．古地图档案脱酸实践[J]．档案学通讯，2006（2）．

[15]王海松，侯庆喜，曹振雷，等．耐久性档案纸及其研究进展[J]．中国造纸，2007（10）．

[16]戴畅，尹慧道．菊酯类杀虫剂对档案纸张耐久性影响的初试报告[J]．机电兵船档案，2004（3）．

[17]张美芳、韩秀琴．加固纸张耐久性的研究[J]．档案学通讯，2002（5）．

[18]张美芳．生物技术与档案保护[J]．档案学通讯，2001（4）．

[19]郑荃．西南少数民族纸质历史档案的抢救与保护[J]．档案学通讯，2005（5）．

[20]李香梅．大余土纸及其生产工艺[J]．中国土特产，1996（4）．

[21]黄阶彬．大山里三代人的土纸情结[J]．源流，2007（10）．

[22]祝日耀．竹料加工土纸——变废为宝[J]．新农村，1999（6）．

[23]喻建章．抗战艰苦时期赣版土纸本《辞海》印制经过[J]．出版史料，2008（1）．

[24]张大山．草纸的简易加工技术[J]．生意通，2010（12）．

[25]张欢，梁义．纸质文物保护技术及环境控制对策[J]．中国文物学研究，2010（4）．

[26]任乃强．竹笔草纸指托书[J]．中国西藏（中文版），2003（5）．

[27]和虹．浅探纳西东巴纸造纸技术[J]．广西民族学院学报（自然科学版），2011（5）．

[28]造纸化学新助剂——"纸张挺硬剂"推出[J]．福建纸页信息，2006（3）．

[29]程若男，庄云龙．造纸增强剂进展[J]．上海大学学报（自然科学版），1997（4）．

[30]李建文，邱化玉．纸张增强剂的研究现状及进展[J]．中国造纸，2003（11）．

[31]李卫伟，杨菅业，李向花，等．河蒴荛花提取物杀螨活性的初步研究[J]．山西农业大学学报（自然科学版），2007，27（4）．

[32]秦磊，邱坚．纳西东巴手工纸原料荛花树干纤维特征研究[J]．木材加工机械，2010（4）．

[33]李晓岑．四川德格县和西藏尼木县藏族手工造纸调查[J]．中国科技史杂志（第28卷），2007（2）．

[34]刘文程，王臣．瑞香狼毒的化学成分、生物活性及应用研究进展[J]．现代药物与临床，2011（1）．

[35]杨振寅，李昆，等．不同类型构树皮的纤维形态、化学组成与制浆性能研究[J]．南京林业大学学报（自然科学版），2007（11）．

[36]黄晓赢．云南腾冲观音塘手工造纸调查[J]．保山师专学报，2009（7）．

[37]张建世．德格藏纸传统制作工艺调查[J]．西藏研究，2005（2）．

[38]刘仁庆．关于手工纸"纸药"的研究[J]．中华纸业，2010（13）．

[39]杨毅，张会超．族档案之旅游人类学构建与扩展研究[J]．思想战线，2009（3）．

[40]钟晓莲．布迪厄文化再生产理论对文化变迁研究的意义———以旅游开发背景下的民族文化变迁研究为例[J]．广西民族学院学报，2002（2）．

[41]赵鹏，王宜欣．重视并建立保护技术档案[J]．北京档案，2005（10）：14-16．

[42]张金风．文物保护标准化建设[J]．中国文物科学研究，2008（1）：20-22．

[43]薛群慧，田率华．我国少数民族文化传人培养机制的构建[J]．昆明大学学报，2009，19（2）：1-4．

[44]杨福泉．论少数民族本土文化传人的培养——以纳西族的东巴为

个案[J]．云南民族大学学报（哲学社会科学版），2005（3）：66-71．

[45]安群英，罗新本，谢木刚，等．彝族口头非物质文化遗产抢救、保护与利用[J]．西南民族大学学报（人文社科版），2008（2）：199-203．

[46]吕鸿．非物质文化遗产保护视野中的口述档案[J]．甘肃社会科学，2008（3）：180-182．

[47]马胜强．现代化进程中少数民族文化的传承与发展[J]．中共伊犁州委党校学报，2008（2）：54-47．

[48]李云芬．浅谈傣族历史档案史料的收集[J]．云南档案，2000（3）：15-16．

[49]陈开心．见证古代手工造纸活化石[J]．造纸科学与技术，2006（4）：44-45．

[50]肖安云．西双版纳傣文贝叶文化的保护和利用初探[J]．云南图书馆，2008（3）：73-75．

[51]杨雪吟．滇纸漫说[J]．今日民族，2005（11）：8-12．

[52]西丽婉娜，岩温扁．浅谈贝叶文化档案的抢救[J]．云南档案，2008（6）：53-54．

[53]和继荣．试论纳西族东巴经档案的保护和利用[J]．云南档案，2009（2）：42，45．

[54]朱崇先．彝族古典文献的保护与开发利用[J]．云南民族大学学报（哲学社会科学版），2007（6）：38-42．

[55]李云芬．浅谈傣族历史档案史料的收集[J]．云南档案，2000（3）：15-16．

[56]彭淑慧．云南民族古籍文献的收集保护开发和利用[J]．云南图书馆，2007（3）：137-139．

[57]包常青，马慧．云南民族文献开发与保护的思考[J]．云南档案，2009（1）：56-58．

[58]杨万鹏，万志红．云南少数民族古籍方面的法律保护研究[J]．现代法学，2000（4）：102-104．

[59]蔡彦．加强古籍保护传承历史文化[J]．浙江高校图书情报工

作，2008（3）：30-34.

[60]聂建国. 少数民族文献的现状探析[J]. 曲靖师范学院学报，2008（6）：121-124.

[61]吴平. 非物质文化遗产的载体化保护与传承[J]. 贵州社会科学，2008（11）：21-25.

[62]杨中一. 傣族文化与档案史料[J]. 档案学通讯，1992（2）：55-58.

[63]华林. 流失海外纳西族东巴经档案文献保护研究[J]. 云南档案，（2）：35-36，41.

[64]华林. 论少数民族文字历史档案的数字化技术保护[J]. 档案学研究，2006（2）：21-24.

[65]戴群. 云南少数民族文献数字化与文字录入问题[J]. 云南图书馆，2003（3）：15-16.

[66]龙文. 莫让东巴造纸传统失传[J]. 中国发明与专利，2009（2）：28-33.

[67]昌建纳. 云南民族文献资源的数字建设与共享[J]. 云南图书馆，2007（1）：53-55.

[68]朱崇先. 彝族古典文献的保护与开发利用[J]. 云南民族大学学报（哲学社会科学版），2007（6）：38-42.

[69]宝音. 中国少数民族古籍文献的保护与开发利用[J]. 内蒙古民族大学学报（社会科学版），2008（7）：19-22.

[70]华林. 云南民间少数民族历史档案的流失及其保护对策研究[J]. 档案学研究，2007（4）：39-42.

[71]陈子丹. 白族金石档案概论[J]. 思想战线，1998（7）：90-94.

[72]陈子丹. 对白族科技档案文献研究的几点设想[J]. 大理学院学报，2007（11）：87-89.

[73]李洪波. 别具一格的彝文档案[J]. 云南档案，2001（3）：19.

[74]张邡. 论彝文古籍的收藏、抢救与保护[J]. 西南民族大学学报（人文社科版），2005（9）：40-41.

[75]沙马打各，肖雪. 浅谈凉山彝文古籍的修复与整理[J]. 西昌学

院学报（社会科学版），2008（2）：113-115，129.

[76]木基元.中国云南孟定傣族原始造纸的民族学考察[C]//CJICHMT-2002编辑委员会，中国机械工程学会机械史分会.机械技术史——第三届中日机械技术史国际学术会议论文集.北京：机械工业出版社，2002：129-136.

[77]罗江文.谈云南少数民族记事木刻的文字学意义[J].民族艺术研究，2004（2）：50-55.

[78]樊海涛.再论云南晋宁石寨山刻纹铜片上的图画文字[J].考古，2009（1）：65-72.

[79]朱晓峰.谈中国古代文献散失的原因[J].山东图书馆季刊，1999（1）：9-12.

[80]卢衡.水对木材影响解析[C]//中国文物保护技术协会，故宫博物院文保科技部.中国文物保护技术协会第五次学术年会论文.北京：科学出版社，2008：364-373.

[81]纳勇.试论民族文献[J].云南民族学院学报（哲学社会科学版），2000（1）：66-69.

[82]谢沫华，起国庆.论新时期中国民族文物的保护[J].云南民族大学学报（哲学社会科学版），2003（4）：51-54.

[83]潘德利，王凤娥.中国古籍文献流散轨迹与形式研究[J].图书情报工作，2009（7）：10-14.

[84]何丽.少数民族古籍的收集与保存[J].中国图书馆学报，2004（1）：91-93.

[85]杨长虹.中国少数民族文字古籍定级标准之我见[J].图书馆理论与实践，2008（5）：119-121.

[86]莎日娜.西部地区民族古籍的保护与开发[J].内蒙古社会科学（汉文版），2006（6）：69-73.

[87]赵东.中国国家博物馆图书馆的民族古籍保护工作[C]//吴贵飙.民族图书馆学研究：三：第九次全国民族地区图书馆学术研讨会论文集.沈阳：辽宁民族出版社，2006：356-362.

[88]何丽.论民族古籍的保护与开发[J].图书馆理论与实践，2003

（2）：62-63．

[89]董文良，杨崇清，宝音．中国少数民族古籍文献保护及规范研究[C]//吴贵飙．民族图书馆学研究：三：第九次全国民族地区图书馆学术研讨会论文集．沈阳：辽宁民族出版社，2006：363-366．

[90]赵鹏，王宜欣．重视并建立保护技术档案[J]．北京档案，2005（10）：14-16．

[91]周崇润，李景仁．应用充氮封存技术保护珍贵文献可行性研究[J]．国家图书馆学刊，2003（4）：66-69．

[92]郑荃，仝艳锋，罗茂斌．试论云南少数民族文献遗产保护模式构建[J]．档案学通讯，2009（3）：67-71．

[93]仝艳锋，郑荃．丽江东巴文献遗产保管困境与对策研究[J]．云南档案，2008（6）：48-50．

[94]李燕兰，李莉．迪庆少数民族文字档案史料的收集与抢救[J]．云南档案，2003（5）：27-28．

[95]李忠峪．大理白族金石历史档案的保护——从南诏德化碑"迁址"说起[J]．黑龙江档案，2008（3）：76．

[96]陈海玉．珍贵的云南白族石刻历史档案及其保护对策[J]．兰台世界，2009（1）：2-3．

[97]们发延．民族文物保护现状及其对策[J]．中国博物馆，2006（2）：3-8．

[98]尹慧道，刘华宾.8种档案字迹材料耐久性的评价[J]．档案与建设，2000（9）：8-11．

[99]仝艳锋．论民族文献遗产内涵信息的生存环境——以纳西族东巴文献遗产为例[J]．原生态民族文化学刊，2010（2）：100-106．

[100]吴显中．字迹耐久性内涵研究评析[J]．档案学通讯，2009（4）：28-31．

[101]王金生．文物囊匣的制作与研究[J]．包装工程，2007（7）：174-176．

[102]奚三彩．纸质文物脱酸与加固方法的综述[J]．文物保护与考古科学，2008，12（增刊）：85-94．

[103]刘凌．文物状态描述的专业术语[J]．博物馆研究，2006（3）：65-67．

[104]王金生．文物囊匣的制作与研究[J]．包装工程，2007（7）：174-176．

[105]奚三彩．纸质文物脱酸与加固方法的综述[J]．文物保护与考古科学，2008，12（增刊）：85-94．

[106]刘凌．文物状态描述的专业术语[J]．博物馆研究，2006（3）：65-67．

[107]JI L．Creating Special Literature Resource Databases in Western China Under a Digital Environment[J]．The International Information & Library Review，2003，35（2-4）：249-264．

[108]GUARNIEIL A，PIROTTI F，VETTORE A．Cultural heritage interactive 3D models on the web：An approach using open source and free software[J]．Journal of Cultural Heritage，2010（11）：350-353．

[109]VECCO M．A definition of cultural heritage：From the tangible to the intangible [J]．Journal of Cultural Heritage，2010（11）：321-324．

[110]RICHARDINA P，CUISANCEB F．AMS radiocarbon dating and scientific examination of high historical value manuscripts：Application to two Chinese manuscripts from Dunhuang[J]．Journal of Cultural Heritage，2010（11）：398-403．

三、其他

[1]http：//www．gsww．gov．cn/List_detail．asp？Class_ID=66&ID=1997

[2]http：//www．ynszxc．gov．cn/szxc/model/ShowDocument．aspx？Did=657&DepartmentId=657&id=2792099

[3]http：//www．ynszxc．gov．cn/szxc/villagePage/vIndex．aspx？departmentid=134353

[4]http：//www．china001．com/show_hdr．php？xname=PPDDMV

0&dname=72F3I51&xpos=10

[5]http：//baike.baidu.com/view/463435.htm

[6]http：//www.china001.com/show_hdr.php？xname=PPDDMV0&dname=72F3I51&xpos=10

[7]http：//baike.baidu.com/view/463435.htm

[8]http：//baike.baidu.com/view/842760.htm？fromenter=%B5%F5%D6%F1

[9]http：//www.artwork-cn.com/Html/dongbawenhua/7061608940144_5.html

[10]http：//www.ynszxc.gov.cn/szxc/zmb/ShowDocument.aspx？Did=831&DepartmentId=831&id=2228032

[11]http：//www.ynszxc.gov.cn/szxc/model/ShowDocument.aspx？Did=847&DepartmentId=847&id=2111319

[12]http：//www.ynszxc.gov.cn/szxc/villagePage/vIndex.aspx？departmentid=131692

[13]http：//www.ynszxc.gov.cn/szxc/zmb/ShowDocument.aspx？Did=831&DepartmentId=831&id=2228032

[14]http：//www.ynszxc.gov.cn/szxc/model/ShowDocument.aspx？Did=847&DepartmentId=847&id=2111319

[15]http：//www.ynszxc.gov.cn/szxc/villagePage/vIndex.aspx？departmentid=131692

[16]wwww.ynszxc.gov.cn/szxc/villagePage/vindex.aspx？departmentid=157204&classid=1623376

[17]http：//www.tianyige.com.cn/art/2015/12/11/art_90_19744.html

[18]王懿之，杨世光.贝叶文化论[C].昆明：云南人民出版社，1990.

[19]吴贵飙.民族图书馆学研究：三：第九次全国民族地区图书馆学术研讨会论文集[C].沈阳：辽宁民族出版社，2006.

[20]中国中文信息学会.第十届全国少数民族语言文字信息处理学术研讨会论文集[C].北京：西苑出版社，2005.

[21]中国国家古籍保护中心.古籍普查培训讲义（试用本）[Z].2007.

[22]杨梅.云南少数民族古典文献的记录方式[D].昆明：云南大学,2008.

[23]GB/T451.2——2002 纸和纸板定量的测定法

[24]GB/T457——2008 纸和纸板耐折度的测定

[25]GB/T455——2002 纸和纸板撕裂度的测定

[26]GB/T12914——91 纸和纸板抗张强度测定

[27]GB/T2677.1——93 造纸原料分析用试样的采取

[28]QB/T1599——1992 书画纸

[29]QB/T2203——1996 图画纸

[30]QB/T2204——1996 水彩画纸

[31]QB/T2352——1997 单面书写纸

[32]QB/T3515——1999 宣纸

[33]GB12654——90 书写纸

致　谢

本书的出版，算是给我的学生时代画上了句号，因为它来自于我的博士毕业论文。多年过去一直没有出版也成了我的一桩心病；出于种种原因，一直无法安静心神来更好的完善它，所以迟迟不愿将它付梓。终于在2018年，我彻底抛下了俗务，将它重新整理，并于2019年出版，虽然中间还留有很多让自己不满的遗憾，但终是了却了一桩心愿。

2002年我考取云南大学滇池学院会计学专业，2006年毕业并考取云南大学公共管理学院档案学专业硕士研究生，从此与档案学结缘，2009年考取该专业博士研究生，2012年毕业后从事档案学专业本科教学工作至今。回想我19岁至29岁的十年，印象最深的是在档案学系求学的六年，我的硕士生导师周铭教授是带领我走进档案学的启蒙者，在导师的指导下，除了参加专业课学习，我还阅读了不少专业书籍和论文资料，扩大了视野，增长了知识。其次我通过发表文章，负责并参与课题项目，掌握了一定学习和研究的方法，懂得了如何做学问、搞科研。我从硕士生，成长为博士生。攻读博士学位期间我师从罗茂斌教授，本书的初稿即我的博士毕业论文是在其悉心指导下完成的；从最初论文的选题、材料的收集、大纲的拟定、初稿、修改直到最后的定稿，无不倾注了罗老师大量的心血。罗老师不仅在学业上对我严格要求，而且在学习、生活上给予我关心和帮助。硕导周铭教授，六年来也一直无微不至地关心我的学业和生活，我对他也深表感谢。两位恩师严谨的治学态度、渊博的学识、诲人不倦的师德，以及严于律己、以身示范的精神，深深影响着我，激励着我，使我终生受益。衷心感谢罗老师和周老师给予我人生道路和学术道路上的启迪和指导。

在云南大学东陆园的求学生涯中，我还得到了郑文教授、华林教授、陈子丹教授、张昌山教授、杨毅教授、郑荃教授、吕榜珍副教授的关怀和帮助。对此，我深表感谢！此外还要感谢学友黄沙、黄漫、权诺诺、王娅、杨洁以及和璇、张志军和胡莹等师兄师姐们。在学习生活中，他们给了我极大的帮助，和他们一起生活学习的时光，我将终生难忘。

为完成本书我进行了大量田野调查，在这期间，仝艳锋师兄陪同我前往丽江和中甸地区调查，回昆明后不辞辛劳与我一起拍摄了大量纸张显微图；并在写作论文期间给予我很大的鼓励和支持。在此我对他深表谢意！师妹宋小娅一直与我同行进行田野调查，走遍了云南的山山水水，历经困难和挫折走完了数千公里的路程，探访十多个边远的村寨；回昆明后与我一同完成纸张试验项目，在此对她深深感谢！此外还要特别感谢云南地区的各级档案部门和文物管理部门，云南省各地、各民族的手工造纸工匠们在我进行田野调查时给予的极大帮助；感谢云南大学古生物学实验室，云南出入境检验检疫局技术中心纸张实验室，给予的大力支持。

感谢母校云南大学，十年的时光给我留下太多美好的记忆，我也将自己最美好的青春岁月挥洒于此！

2012年7月我获得博士学位，同年8月我一个人离开熟悉的家乡云南，离开我的老师和朋友们，放弃了另一个工作机会，以及唾手可得的平淡生活，孤身一人到贵州工作。因为贵州师范学院要开办档案学专业，这是贵州省唯一一所开办档案学本科专业的大学，该校的历史与社会学院已经获批于2012年9月招收贵州首届档案学专业本科生，得知这一消息，我的博导罗茂斌教授和硕导周铭教授都鼓励我到贵州创业，我也满怀热情的踏上了从未踏足过的贵州土地，开始了创业之路。

在贵州师范学院工作了整整七个年头，档案学专业从无到有的点滴建设过程，我投入了巨大的精力和心血；在这期间我不仅是专业教师，还担任过辅导员和分管教学副院长，和档案学专业一起经历了本科学位评估，和贵州师范学院一起经历了教育部本科高校合格评估。在这几年中我绝大部分的精力用于专业建设和撰写各类文件材料，而不是进行自己的专业研究或写作；工作期间积劳成疾，有一年半的时间频繁往返于医院，病愈后结婚生子，导致博士论文的修订与出版计划也一再搁浅，因此内心惭愧万分。2018年7月，我辞去历史与社会学院副院长一职的申请获得了组织的批准，交接工作完毕后，我便马上着手修改并出版博士论文一事。

在出版该书的过程中，我得到了我家人的大力支持，特别是我的母亲杨泽芳长时间独自一人照顾我不满三岁的儿子，给我充分的时间让我专心致志投入到修改文本的工作中；不论是求学还是工作，以及结婚生子后，母亲都是我坚强的后盾，不断为我排忧解难，千言万语都无法表达我对她的感谢！同时我还要感谢我的丈夫钱朝安，在我们相识至今的五年里，他大约有四年的时间在乡村做扶贫工作，但是他将非常有限的能相聚的日子都贡献给了家庭，主要是能独立带孩子，给了我一定的时间能安心从事专业研究和写作；当然他也是不停打断我写作思路的罪魁祸首，本书修订过程中充满着他对我沉迷于自我事业的无数次控诉和抱怨，我欣然接受他给予我的支持和阻挠，并在此真心实意地感谢他！最后还要感谢我的孩子钱多多小朋友，他任意地霸占我的时间，一旦我疏于照顾他就以生病发起抗议，想到几次深夜抱着他看急诊而第二天还要正常上课的经历，以及母乳喂养使我长期处于缺觉和坚持熬夜的状态，似乎为本书还未完善之处找到了推卸责任的理由，所以感谢孩子的到来，感谢他带给我这几年"兵荒马乱"的生活。

辞去行政职务的我渴望能获得一张安静的书桌，后来的生活告诉我书桌上还会同时放满孩子的奶粉和尿不湿，以及家人偶尔不理解的念叨；最终我蜷缩于客卧的床头柜上完成了本书的修订和校对，也在断断续续的泪目中完成了致谢的写作，借此回望了我的学生时代、职场菜鸟时期以及初为人妻人母的岁月，这期间包含着无数的酸甜苦辣，脑海中闪现出许许多多帮助过我成长的人，不能逐一列出，但依然借此机会感谢他们。

最后特别感谢西南交通大学出版社的编辑为本书的出版付出了辛勤的劳动。感谢我的同事瞿智琳在修订过程中提出的中肯意见。感谢我的表哥——云南省优秀青年书画家李雷，为本书题写书名。

本书之中，疏漏与不当之处在所难免，敬请各位专家学者、老师和同学批评指正。

李忠峪

二〇一九年七月